AF904635

VINCENZO LEVIZZANI

DAS GEHEIMNIS DER WOLKEN

HANDBUCH ZUM LESEN DES HIMMELS

Aus dem Italienischen
von Andrea Kunstmann

HarperCollins

Die italienische Originalausgabe erschien 2021 unter dem Titel
Il libro delle nuvole bei il Saggiatore, Mailand.

2. Auflage 2025
© 2021 il Saggiatore S.r.l., Milano
Deutsche Erstausgabe
© 2025 für die deutschsprachige Ausgabe
by HarperCollins in der
Verlagsgruppe HarperCollins Deutschland GmbH
Valentinskamp 24 · 20354 Hamburg
info@harpercollins.de
Gesetzt aus der Adobe Garamond Pro
Von GGP Media GmbH, Pößneck
Druck und Bindung von Friedrich Pustet, Regensburg
Printed in Germany
ISBN 978-3-365-00644-3
www.harpercollins.de

Jegliche nicht autorisierte Verwendung dieser Publikation zum Training generativer Technologien der künstlichen Intelligenz (KI) ist ausdrücklich verboten. Die Rechte der Urheber und des Verlags bleiben davon unberührt.

Druckprodukt mit finanziellem
Klimabeitrag
ClimatePartner.com/15109-2009-1001

MIX
Papier
FSC FSC® C014889

INHALT

für Angela, die dafür sorgt, dass ich am Boden bleibe

für alle jungen Menschen: Mögen sie stehen bleiben und
voller Staunen den Himmel betrachten,
um ihn den Achtlosen zu erklären

in Erinnerung an einen ganz Großen:
Hans Rudolf Pruppacher (1930–2020)

Behutsamer sei nun
dein Schritt: einen Steinwurf
entfernt bereitet
sich eine seltenere Szene.
Das verwitterte Tor eines Tempels
ist für immer verschlossen.
Über die grasbewachsene
Schwelle streut sich
ein großes Licht.
Und hier, wo menschliche Fährten
niemals ertönen, o erdachte Trauer,
wacht auf den Boden gestreckt
ein magerer Hund.
Niemals mehr wird er sich
in dieser Stunde, die man heiß
glaubt, bewegen.
Großartig zeigt sich
über dem Dach eine Wolke.

Eugenio Montale, »Behutsamer sei nun dein Schritt«,
in: *Tintenfischknochen* (1925)[1]

Ich bin das Kind aus Luft und Wind,
die Tochter von Wasser und Erde;
ich trotze der Zeit mit Unsterblichkeit,
weil ich ewig vergehe und werde.
Denn wenn klar wie Kristall nach des Regens Fall
die Kuppeln des Himmels erstrahlen,
wenn der Wind sich verdichtet und die Sonne errichtet
aus der tiefblauen Luft Kathedralen,
dann lächle ich weise und unendlich leise,
aus den dunklen Kavernen des Regens,
wie ein Geist in der Nacht, wie ein Kind, das erwacht,
steig ich auf – und ihr Werk war vergebens.

Percy Bysshe Shelley, *Die Wolke* (1820)[2]

Draußen dehnt sich das leere Land bis zum Horizont, tut sich der Himmel auf, wo die Wolken laufen. In der Form, die Zufall und Wind den Wolken verleihen, ist der Mensch schon im Begriff, Gestalten zu sehen: ein Segelschiff, eine Hand, einen Elefanten …

Italo Calvino, *Die unsichtbaren Städte* (1972)[3]

EINFÜHRUNG
DER MENSCH UND DIE WOLKEN

Klar und verlassen gehen die Morgen hin
an den Ufern des Flusses, der sich früh umnebelt
und, die Sonne erwartend, in dunkleres Grün fällt.
[…] Die Wolken haben reifes Fleisch.

Cesare Pavese, *Grappa im September*,
in: Arbeiten macht müde (1943)[4]

Ist uns eigentlich bewusst, dass wir den größten Teil unseres Lebens unter einer Wolkendecke verbringen? Manchmal achten wir auf den Himmel, manchmal auch nicht. Meist lenken uns derart viele Dinge ab, dass unsere Aufmerksamkeit nur selten dem Regen oder Schnee gilt, der auf unsere Köpfe fällt, oder den Formen und Farben eines Gewitterhimmels – außer natürlich, das Wetter wirkt sich negativ auf unsere Pläne aus, was hin und wieder vorkommt. Die Wolken jedoch sind immer irgendwie da, auch wenn wir uns ihrer nicht bewusst sind, denn wirklich wolkenlos ist der Himmel so gut wie nie. Wer auf einem Hügel oder Berg wohnt, weiß dies aus seiner privilegierten Perspektive nur zu gut, ebenso wie diejenigen, die in der Landwirtschaft arbeiten und Wolken als lebenslange Begleiter betrachten. Vielleicht achtet der moderne Mensch auch so selten auf den Himmel und seine Wolken, weil der Horizont meist von riesigen Gebäuden verstellt ist oder weil unser Blick durch das ständige Klingeln des Smartphones unweigerlich nach unten wandert. Die Wolken jedoch sind immer da. Und sie bieten ein Schauspiel, das meist interessanter ist als die banalen Ereignisse, die in unserem hyperkommunikativen Zeitalter ständig über die Bildschirme flimmern.

Wolken sind zu jeder Jahreszeit Bestandteil des Himmels und zugleich viel mehr als nur ein dekoratives Element. In ihren vielen Erscheinungsformen haben sie großen Einfluss auf unser Leben, weswegen wir sie mit Fug und Recht als ständige Reisebegleiter betrachten können. So kündigt ein bleigrauer Himmel Regen an, während weiße Wattebällchen schönes Wetter garantieren und damit signalisieren, dass wir uns ruhig aufs Fahrrad schwingen können. Das heißt, Wolken haben viel zu tun mit unserem Alltag, weil sie Informationen über kurz Bevorstehendes liefern.

Ich finde es erstaunlich, wie wenig Interesse der moderne Mensch noch der Beobachtung des Himmels entgegenbringt. Eigentlich würde es genügen, einen Moment lang den Blick zu heben, doch wie wolkig unser Planet ist, fällt uns immer nur dann auf, wenn wir die Aufnahmen betrachten, die uns von Satelliten oder Raumstationen erreichen. Seltsam, nicht wahr?

Auf den folgenden Seiten möchte ich versuchen, den Kontakt zu unserem Wolkenuniversum wiederherzustellen, der uns in der Hektik des Alltags verloren gegangen ist. Die erste Frage, die wir uns dabei stellen sollten, ist vorhersehbar und für uns zugleich am interessantesten, da sie das Leben der Menschen seit Urzeiten und bis heute beeinflusst: Liefern uns die Wolken – ihre Formen und Farben, ihre Anordnung am Himmel, ihre Dichte und Höhe, ihre Struktur oder Größe – unmittelbare Informationen darüber, wie das Wetter kurz- oder mittelfristig sein wird? Eine Antwort darauf zu geben, ist kompliziert, aber nicht unmöglich. Die volkstümlichen Wetterregeln gründen auf Erfahrungen, die die Menschen über viele Jahrhunderte gesammelt haben, indem sie ihre Nasen nach oben reckten und vom Anblick des Himmels und der Wolken eine Wettervorhersage abzuleiten versuchten. Nicht immer sind diese Regeln zutreffend, manchmal ein wenig naiv, ein andermal zu sehr von lokalen Gegebenheiten oder von Aberglauben bestimmt. Und doch wussten unsere Eltern und Großeltern meist, wovon sie sprachen, wenn sie in den Himmel schauten.

Die meisten von uns können nur sehr selten einen völlig wolkenlosen Himmel bewundern. Im Detail hängt das natürlich

ABB. 1 Blick von einem Wettersatelliten auf die Erde. Siebzig Prozent der Erdoberfläche sind ständig von Wolken bedeckt (NASA).

von unserem Wohnort, der Jahreszeit und auch unserem Standpunkt ab. Doch seit es Satelliten gibt, die unsere Erde aus dem Weltall rund um die Uhr im Blick haben, wissen wir, dass der Globus immer zu gut siebzig Prozent von Wolkenformationen umgeben ist. Die Erde, die gemeinhin »blauer Planet« genannt wird, weil ein großer Teil ihrer Oberfläche von Ozeanen bedeckt ist, müsste man treffender als »wolkigen Planeten« bezeichnen. Auch andere Planeten unseres Sonnensystems könnte man als »wolkig« definieren, doch die Wolken des Jupiters beispielsweise bestehen aus molekularem Wasserstoff und Helium mit Spuren von Methan, Ammoniak, Schwefelsäure und weiteren Elementen – eine Mischung, die einem Leben, wie wir es auf der Erde kennen, alles andere als förderlich ist. Unsere Wolken dagegen sind Teil des weltweiten Wasserkreislaufs, somit unabdingbar für das Leben auf der Erde und nach heutigem Wissensstand auch einzig in ihrer Art.

Die Wissenschaft hat die Wolken und ihre Strukturen im Lauf der Zeit immer genauer untersucht. Die Wolkenphysik ist integraler Bestandteil der Physik der Atmosphäre und insbesondere der Meteorologie. Wer Wolken professionell unter die Lupe nimmt, betrachtet sie nicht zur Zerstreuung und schreibt auch keine Gedichte über sie, sondern beobachtet aufmerksam auch kleinste Veränderungen ihres Aussehens, um Aussagen über das Wetter zu treffen und die Gründe für schnelle oder auch längerfristige Wetterveränderungen zu verstehen. Wer sich ein Leben lang beruflich mit ihnen beschäftigt, empfindet beim Blick in die Wolken nichts Esoterisches. Als Wolkenphysiker stehe ich vielmehr mit beiden Beinen auf der Erde und versuche mit größtmöglicher Präzision zu analysieren, was ich sehe. Die Geheimnisse der Wolken zu entschlüsseln, erfordert Kenntnisse in Physik, Chemie und manchmal auch Biologie, denn Wolken sind unglaublich komplizierte Gebilde aus vielen Bestandteilen, die sich in Laboren nur schwer nachbauen lassen, also im Wesentlichen flüchtig und schwer zu fassen sind, selbst für die Wissenschaft. Sie, die Leserinnen und Leser dieses Buchs, müssen sich diese Kenntnisse natürlich nicht über Nacht aneignen, ich möchte Ihnen vielmehr Schritt für Schritt alle Basisinformationen zur Verfügung stellen, die es Ihnen am Ende der Lektüre ermöglichen, täglich den Himmel zu lesen – oder es zumindest zu versuchen. Glauben Sie mir, es lohnt sich!

Ich habe mein ganzes Leben der Wolkenbeobachtung gewidmet. Das klingt seltsam, und ich glaube nicht, dass meine Eltern bei meiner Geburt auch nur im Entferntesten daran gedacht haben, dass ich mich später einmal ganz der Verfolgung dieser flüchtigen, ätherischen Boten der Launen des Himmels hingeben würde. Schwer zu erklären, was im Kopf eines Menschen vorgeht, der Wolken zu seiner wissenschaftlichen und persönlichen Mission gemacht hat. Wenn ich noch hinzufüge, dass der ausschlaggebende Grund mein Wunsch war, etwas »Handfestes« zu studieren, klingt es vollends widersinnig. Und doch ist es das nicht. Ich hatte mich am Ende meines Physikstudiums für die Astrophysik entschieden, weil mich die Unendlichkeit und die Physik und Mathematik des Kosmos faszinierten. Dann aber waren es die Worte Franco Prodis, der mein Lehrer wurde, die mich trafen wie ein Donnerschlag: »Ein Leben für die Wolken.« Im letzten Studienjahr nahm ich aus reiner Neugier an einem Vortrag teil, in dem Professor Prodi die Physik der Atmosphäre erläuterte. Er lud mich ein, sein Labor im nationalen Forschungszentrum in Bologna zu besuchen. Dort begriff ich, dass mein Drang, die Unendlichkeit und die physikalischen Gesetze der Natur zu erforschen, mich den Tiefen des Weltalls deutlich näherbrachte, woraus der Wunsch entstand, die unvorstellbar kleinen Strukturen eines Hydrometeors (dazu später mehr) in einer flüchtigen Wolke in der Luft erklären zu können. Ich ging dann nach Kalifornien, wo ich die Ehre hatte, mit Hans R. Pruppacher zusammenzuarbeiten, dem weltweit renommiertesten Experten zu dem Thema, ein Lehrmeister der Wissenschaft und des Lebens. In der Regel stehen hinter Forschenden immer Mentorinnen oder Mentoren, die sie dazu bringen, ihre Möglichkeiten zu erkennen und auf bestmögliche Art auszuschöpfen. Das ist in der Wolkenphysik nicht anders als in anderen Wissenschaftszweigen. So wurde ich zu einem Forscher, der in den bewölkten Himmel blickt, und schließlich selbst Professor, der seine Leidenschaft an Studierende weitergibt, die eine Arbeit fortsetzen, die nie fertig wird. Nicht umsonst legt Platon in der Apologie des Sokrates seinem Lehrer, dem großen athenischen Philosophen, die Worte »Ich weiß, dass ich nichts weiß« in den Mund – denn zumindest weiß man nie alles, was man wissen will oder wissen müsste. Was wiederum die Basis jeder Forschung ist, die nie endet.

Blicken wir also nach oben und betrachten wir die Wolken als Teil unseres Lebens und nicht nur als Verzierungen des Himmels. Lernen wir diese Gebilde näher kennen, um ihre Hinweise auf eine sich immerfort wandelnde Atmosphäre zu verstehen, und begreifen wir sie als wertvolle Botschaften des wechselnden Wetters, das unser Leben beeinflusst. Lassen Sie sich beim Blättern in diesem Buch erklären, wie Wolken am blauen Himmel entstehen und wie viele unterschiedliche Arten es gibt – denn keine gleicht der anderen. Wir bewegen uns zwischen Tröpfchen, Kristallen, Graupeln und Hagelkörnern und dringen tief ins Innere der Wolken ein, um ihnen ihre Geheimnisse zu entlocken. Wir beschäftigen uns mit der Rolle der Wolken in der Meteorologie und Wettervorhersage und mit der

Frage, ob der aktuelle Klimawandel auch die Wolken verändert. Wir besichtigen Forschungslabore, schnelle Flugzeuge, die durch Wolken rauschen, sowie Radargeräte und Satelliten, die sie unter ständiger genauer Beobachtung haben. Wir lernen außergewöhnliche Fachleute kennen, die die Geheimnisse der Wolken entschlüsselt und gezeigt haben, dass sie keine Produkte der Fantasie sind, sondern natürliche Prozesse mit festen Regeln, die wir immer noch genauer zu durchdringen versuchen.

Los geht's!

EINS

WOLKEN IN RAUM UND ZEIT

Du sollst mich nicht tadeln,
wenn ich mit den Wolken spreche.

Henry D. Thoreau, *Brief an Mrs. Lucy Brown* (1942)

Wie schon gesagt, gehören die Wolken zu den Alltagserfahrungen jedes Menschen, sie sind integraler Bestandteil seines Lebensraums und beeinflussen seine Sicht auf den Himmel und dessen mehr oder weniger auffällige Erscheinungen. Schriftstellerinnen, Dichter und Malerinnen haben den Himmel erforscht und versucht, die Geheimnisse der Wolken, ihre Bewegung, Entstehung und Entwicklung zu begreifen. Sie haben sich bemüht, deren Wirkung auf die Tiefen der menschlichen Seele zu erfassen, der der Himmel näher ist, als wir glauben. Darüber hinaus waren Verwunderung und Staunen angesichts des überwältigenden Anblicks der Wolken immer die vorherrschenden menschlichen Emotionen, wie es sehr schön Eugenio Montales eingangs zitiertes Gedicht »Ora sia il tuo passo« (»Behutsamer sei nun dein Schritt«) aus dem Band *Ossi di seppia* (Tintenfischknochen) von 1925 ausdrückt.

Die Religionen haben die Wolken immer als eine Art Grenze zwischen Himmel und Erde betrachtet, eine Pforte, an der Menschen vielleicht auch durch die Gewalt der Elemente hindurch mit Gott in Verbindung treten können. In der Bibel sind Wolken in vielen Passagen präsent, besonders einprägsam im »Bogen in den Wolken«, dem Regenbogen als Besiegelung des Bundes zwischen Gott und den Menschen nach der Sintflut (1. Mose 9,13). Eine Wolke begleitet und leitet die Israeliten beim Auszug aus Ägypten (2. Mose 13,21). Die Wolke bei der Verklärung Christi (Mk 9,7; Mt 17,5; Lk 9,34) verweist auf die Erscheinung Gottes im Alten Testament, und der gefangene Jesus prophezeit den Hohepriestern: »Ihr werdet sehen den Menschensohn sitzen zur Rechten der Kraft und kommen mit den Wolken des Himmels.« (Mk 14,62). Wolken tauchen auch in Darstellungen des Himmels als oberster Sphäre auf, von der aus Gott mithilfe der Elemente eingreift: »Singt dem Herrn ein Danklied und lobt unsern Gott mit Harfen, der den Himmel mit Wolken bedeckt und Regen gibt auf Erden […]. Er gibt Schnee wie Wolle, er streut Reif wie Asche. Er wirft seine Schloßen [Hagelkörner] herab wie Brocken, wer kann bleiben vor seinem Frost?« (P 147). Oder: »Wasser ergossen sich aus dem Gewölk, die Wolken donnerten, und deine Pfeile fuhren einher. Dein Donner rollte, Blitze erhellten den Erdkreis, die Erde erbebte und wankte.« (Ps 77).

Der Koran wiederum berichtet: »Sahst du nicht, dass Allah die Wolken treibt und sie dann wieder versammelt und sie dann aufhäuft? Und du siehst den Regen mitten aus ihnen herauskommen. Und Er sendet Berge [= Wolken] vom Himmel hernieder, erfüllt mit Hagel, und Er trifft damit, wen Er will, und wendet sie ab, von wem Er will. Der Glanz Seines Blitzes raubt fast die Blicke!« (Koran 24,43)[5] Diese mehr oder weniger realistische Darstellung der Wolkenbildung ist den Menschen über die Jahrhunderte hinweg im Kopf geblieben und prägte vorwissenschaftliche Ansätze und noch deutlicher die Kunstgeschichte.

Natürlich haben wir die unzähligen Darstellungen in der gesamten abendländischen Kunst vor unserem geistigen Auge, die zeigen, wie sich die Kenntnisse über die Bildung und Entwicklung der Wolken im Lauf der Zeit gewandelt haben. In byzantinischen Darstellungen haben sie etwas Feierlich-Starres, sind alles andere als realistisch und verweisen auf die darüberliegenden himmlischen Sphären. Auch in den folgenden fast tausend Jahren bleiben die Wolken sowohl in den Fresken als auch in den mittelalterlichen Miniaturen noch sehr schematisch und ohne Bezug zur beobachtbaren Wirklichkeit. Im vierzehnten Jahrhundert ist Giotto einer der Ersten, der sie wie Wattebäusche in einen blauen Himmel hineinmalt, doch auch seine Wolken sind noch sehr idealisiert und gebunden an die theologische Botschaft. Im fünfzehnten Jahrhundert finden sie sich bei Piero della Francesco stilisiert als Hintergrundkulisse für die weit wichtigeren Figuren im Vordergrund (zum Beispiel in *Die Taufe Christi*, um 1450), und am Ende des Jahrhunderts plustern sie sich in der von Andrea Mantegna ausgemalten Camera degli Sposi im Castello San Giorgio in Mantua richtig auf.

Erst mit Leonardo da Vinci, Cima da Conegliano und Albrecht Dürer bekommen die Wolken ein natürlicheres Aussehen. In *Das Gewitter* (um 1508) von Giorgione sind die dunklen Wolken eine Bedrohung für das kleine Dorf und das geruhsame Leben der Menschen. Das Gemälde gilt als das erste echte Landschaftsbild in der Geschichte der westlichen Kunst, da die Natur darin ganz ausdrücklich eine Hauptrolle spielt.

Im Manierismus und im Barock wirbeln theatralische Wolken über die Gewölbedecken von Kirchen und Kathedralen in ganz Europa, insbesondere dann, wenn die Heiligen gen Himmel fahren. Die flämischen Maler verewigen mit großer Detailtreue die bleigrauen Himmel Nordeuropas – ein besonders eindrucksvolles Beispiel ist Jan Vermeers Meisterwerk *Ansicht von Delft* (1660–61) mit tief hängenden Wolken über der friedlichen Handelsstadt. Bei den berühmten Vertretern der venezianischen Vedutenmalerei, Giovanni Antonio Canal (besser bekannt als Canaletto), seinem Neffen Bernardo Bellotto und Francesco Guardi stehen die Wolken am Himmel dagegen für frühlingsfrische Heiterkeit.

Der Romantik dienen die großzügig eingesetzten teils finsteren, teils heiteren Wolkenhimmel dem Ausdruck seelischer Zustände. Der Engländer John Constable hielt zwischen 1820 und 1822 die Veränderungen des Himmels in kleinen schnellen Bildern fest, die er nicht auszustellen gedachte – es handelte sich im Grunde um Beobachtungen, im Englischen *Cloud Spotting* genannt.

Im 19. Jahrhundert schließlich entstanden zahlreiche realitätsgetreue und wissenschaftlich haltbare bildliche Darstellungen von Wolken, man denke an Claude Monet und Alfred Sisley. Der Impressionismus thematisierte in den Wolken das schnelle Vergehen der Zeit, die unaufhörliche Veränderung der Welt – ein Ausdruck ihrer Poetik, die darin bestand, den Augenblick auf der Leinwand einzufangen, bevor er unwiederbringlich vergangen und verloren war. Ein Meister in der Wiedergabe wolkiger Momente ist sicherlich Gustave Courbet, einer der bedeutendsten Vertreter des Realismus.

Eine spezielle Erwähnung verdienen die Himmel Vincent Van Goghs, der einen tiefen Respekt vor der Natur und ihren Kräften hegte, die er als Spiegel der ruhelosen menschlichen Seele ansah. Sturmhimmel sind eine Konstante in seinem mit vielen Qualen erkauften Werk. Ein Beispiel dafür ist das berühmte *Getreidefeld mit Raben* (1890), in dem das niedergehende Gewitter wie ein Vorbote des Todes wirkt und die Raben bedrohlich über einem imaginären Leichnam zu kreisen scheinen, von dem der Maler ahnt, dass es bald seiner sein wird. Van Gogh war wie andere Kunstschaffende seiner Zeit beeinflusst von japanischen Werken, die damals gerade in Europa bekannt wurden, vor allem die Drucke von Hiroshige Utagawa und Hokusai Katsushika, Letzterer Schöpfer der *Großen Welle vor Kanagawa*, vermutlich der berühmteste Holzschnitt der japanischen Kunst.

Die Wolken werden von den avantgardistischen Bewegungen des 20. Jahrhunderts schließlich verdreht und verzerrt, der Expressionismus verleiht ihnen bunte Farben, und der Surrealismus enthebt sie dem Raum und der Zeit. Vor allem René Magritte treibt sein vieldeutiges Spiel mit ihnen, als Elemente seiner symbolischen Landschaften treten sie zugleich in den Dialog mit den Betrachtenden. In Roy Lichtensteins *Cloud and sea* (1969) sehen sie aus wie Sprechblasen und schlagen damit eine Brücke zur populären Comicliteratur.

Die Dichtkunst hat die Wolken naturgemäß immer als zarte Metaphern der vielfältigen Schattierungen der menschlichen Seele genutzt, in unzähligen Werken von der griechischen Antike über die *Peanuts* bis zu aktuellen Singer-Songwritern. Auch wenn es nicht Absicht dieses Buchs ist, empfinde ich es doch bereits als lohnende Übung voller Überraschungen, in den Literaturen der Welt und in der Musik aller Zeiten auf Wolkensuche zu gehen.

Wer mit nüchternerem Blick an die Wolken herangeht, landet bei Seeleuten und Fliegern, Reisenden, Militärs und Wissenschaftlern. Unter ihnen finden sich die Ersten, die begriffen, dass bestimmte Wolken gutes Wetter ankündigten, andere Stürme, Regen, Schnee, Hagel oder Blitze mit sich brachten. Ihre Schilderungen stellen den maßgeblichen Übergang zur

Wissenschaft von heute dar, in der Wolken nicht mehr als »Thron Gottes« gesehen werden, sondern als natürliche, den Gesetzen der Physik und Chemie unterworfene und somit erforschbare Prozesse.

Mit der Vorhersage von Wetterphänomenen, insbesondere von Wolken, beschäftigen sich bereits die Babylonier, doch erst im antiken Griechenland, genauer im Jahr 340 v. Chr., prägt Aristoteles den Begriff *meteōrología* aus *metéros* (Objekte »hoch am Himmel«) und *logía* (»Gespräch«), den er auf Beobachtungen von Vorgängen in der Atmosphäre (und am Himmel) in seinen *Meteorologica* bezieht. Die meteorologische Neugier gibt die griechische ganz selbstverständlich an die lateinische Kultur weiter, wo sich Plinius der Ältere hervortut, der im zweiten Buch seiner *Naturalis Historia* die Meteorologie abhandelt.

Wang Chong, ein Philosoph, Physiker, Astronom und Meteorologe der Han-Dynastie, untersucht im ersten Jahrhundert nach Christus systematisch meteorologische Vorgänge, und in seinem Bemühen um eine rationale Beschreibung der Welt gelingt es ihm als Erstem, den Kreislauf des Wassers zu erklären, womit er seinen Zeitgenossen weit voraus ist. Eine seiner »modernen« Einsichten lautet: »Die Konfuzianer behaupten, die Formulierung, der Regen komme vom Himmel, bedeute, dass er tatsächlich vom Himmel fällt (wo sich die Sterne befinden). Doch eine genauere Überprüfung der Frage zeigt, dass der Regen zwar aus der Höhe, von oberhalb der Erde kommt, nicht jedoch vom Himmel.« In der Folge hat Shen Kuo, berühmter Gelehrter und Staatsmann der Song-Dynastie, zwischen 1000 und 1100 als Erster Tornados beschrieben und die Hypothese aufgestellt, Regenbogen entstünden, indem das Sonnenlicht auf Regentropfen trifft. Seine Darstellung der atmosphärischen Refraktion (Strahlenbrechung) entspricht dem modernen Wissensstand und entstand zeitgleich mit dem *Schatz der Optik* (1021) des Arabers Alhazen (Abū ʿAlī al-Ḥasan bin al-Haiṯam). Zugleich stellte Kuo die Theorie eines allmählichen Klimawandels auf, als er nach einem Erdrutsch im Jahr 1080 in der Nähe von Yanzhou Pflanzen untersuchte, die er als versteinerten Bambus aus der Antike identifizierte. Es handelte sich in Wahrheit um heute ausgestorbene Pflanzen der Gattung *Calamites* aus der Ordnung der *Equisetales* (Schachtelhalme) aus dem Karbon. Solche Fossilien hatten sich unterirdisch in trockener Umgebung erhalten, doch das feuchte Klima des Orts in der Antike hatte offenbar ihr Wachstum gefördert. Kuo verstand also, dass dies einen Wechsel des Klimas von feucht zu trocken implizierte, und kann somit möglicherweise als erster Paläoklimatologe der Geschichte bezeichnet werden.

ABB. 2 *Calamites carinatus* aus dem Karbon.

Die wenigsten wissen vermutlich, dass die ersten Meteorologen im modernen Sinne weder Europäer noch Chinesen waren, sondern Koreaner. Sejong, vierter König der Joseon-Dynastie, und sein Sohn Prinz Munjong sind die wichtigsten Protagonisten der koreanischen Meteorologie, indem sie 1442 das *cheugugi* entwickeln ließen, das erste standardisierte Regenmessgerät der

ABB. 3 Ein *cheugugi*, das erste standardisierte Regenmessgerät der Geschichte, das 1442 in Korea erfunden wurde.

Geschichte. In Indien und China gab es zwar bereits viel früher Messungen, doch der koreanische Apparat ist der erste mit verlässlichen und nachvollziehbaren Maßeinheiten und diente der Berechnung der Steuern auf Basis der geschätzten Ernteerträge. Daraus entstand ein das ganze Reich überziehendes Netz an Messstationen, das bis heute als eines der technisch besten der Welt gilt.

Die islamische Welt, Verbindungsglied zwischen hellenistischer, indischer, chinesischer Wissenschaft einerseits und der europäischen andererseits, beschäftigte sich mit allen Bereichen, besonders intensiv jedoch mit Mathematik, Astronomie und Medizin. Der wichtigste Physiker des goldenen Zeitalters des Islams, Abū Yaʿqūb ibn Ishāq al-Kindī, widmete sich im 9. Jahrhundert zwischen Basra und Bagdad der Meteorologie und Ozeanographie (er war ein Experte für die Gezeiten).

All diese Wissenschaftler waren Vorläufer von Roger Bacon, der im 13. Jahrhundert als erster Europäer den Regenbogen als Effekt der Brechung des Sonnenlichts beschrieb und damit vielen bedeutenden weiteren Entdeckungen den Weg bahnte. Leonardo da Vinci behandelt in der zweiten Hälfte des 15. Jahrhunderts die Wolken im siebten Abschnitt seines *Traktats über die Malerei*, vor allem unter dem Gesichtspunkt ihrer Auswirkung auf Helligkeit und Dunkelheit in Abhängigkeit von Position und Beleuchtung, ohne jedoch eine Reihe grundlegender Fragen zur Entstehung der Wolkenkörper zu vernachlässigen.

> Wolken bilden sich aus der durch die Luft ergossenen Feuchtigkeit; dieselbe zieht sich vermöge der Kälte zusammen, die mit verschiedenen Winden durch die Luft hingeführt wird. Und solche Wolken erzeugen (selbst), sowohl bei ihrer Entstehung als auch bei ihrer Auflösung, Windströme. Bei der Entstehung erzeugen sie dieselben deshalb, weil die verteilte und dunstförmig ausgebreitete Feuchtigkeit, indem sie zur Wolkenbildung zusammenläuft, den Raum, aus dem sie entweicht, leer läßt; in der Natur aber ist Leere nicht statthaft, und so ist es notwendig, daß die Teile der Luft um das Entweichen der Feuchtigkeit her die begonnene Leere mit sich selbst ausfüllen, und diese Bewegung nennt man Wind.[6]

Leonardo erfindet neben vielen anderen Dingen einen Luftfeuchtigkeitsmesser (Hygrometer), während Galileo Galilei ein präzises Thermometer entwickelt. In der Folge erschafft ein weiterer berühmter Italiener, Evangelista Torricelli, im Jahr 1643 das Barometer, was den Ausgangspunkt für echte meteorologische Messungen darstellt, die der Wolkenphysik den Weg bahnen. In *Les Météores*, einem Abschnitt des *Discours de la méthode* (1637), versucht auch René Descartes, die Wolken vom wissenschaftlichen Standpunkt aus zu ergründen, indem er alle Aspekte des Wunderbaren eliminiert und sie der Vernunft unterwirft: »Dies läßt mich hoffen, daß, wenn ich hier die Natur der Wolken auf eine Weise erkläre, daß man nicht mehr länger Anlaß hat, irgendetwas, was wir an ihnen sehen oder was von ihnen kommt, zu bewundern, man leicht glauben wird, daß es möglich ist, in der gleichen Weise die Ursachen all der wunder-

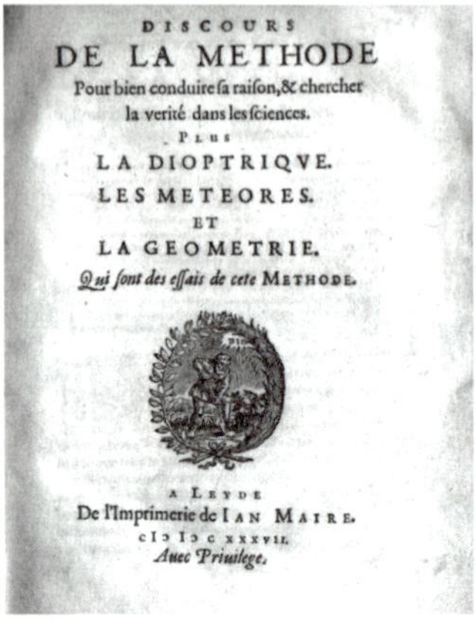

DISCOURS
DE LA METHODE
Pour bien conduire sa raison, & chercher
la verité dans les sciences.
PLUS
LA DIOPTRIQVE.
LES METEORES.
ET
LA GEOMETRIE.
Qui sont des essais de cete METHODE.

A LEYDE
De l'Imprimerie de IAN MAIRE.
cIↄ Iↄ c xxxvII.
Avec Privilege.

ABB. 4 Frontispiz der 1637 erschienenen Erstausgabe der *Discours de la methode.*

barsten Dingen [sic] auf unserer Erde aufzufinden.«[7]

Es ist allerdings der englische Chemiker und Apotheker Luke Howard, der die ersten systematischen Wolkenbeobachtungen niederschreibt. Beruflich hatte er mit der Mischung chemischer Substanzen zu tun, doch aus persönlicher Leidenschaft widmete er sich gemeinsam mit seiner Ehefrau Mariabella der täglichen Analyse der Atmosphäre

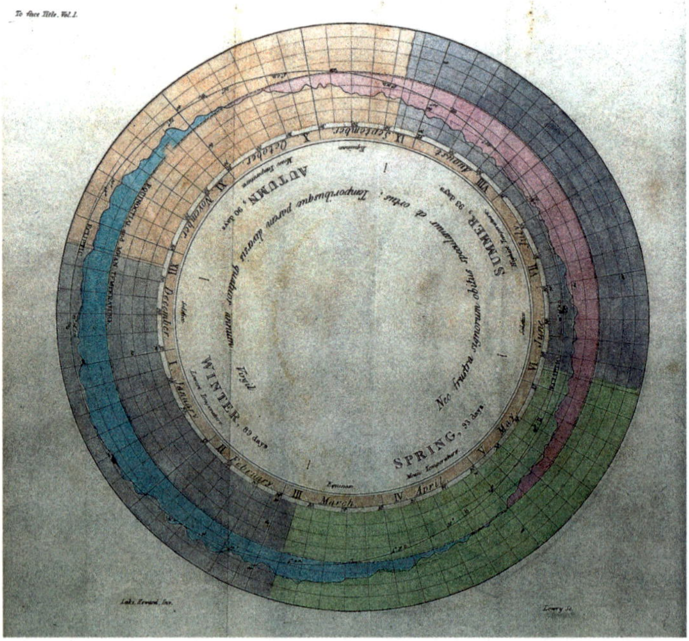

ABB. 5 Luke Howards jährliche Klimaaufzeichnungen für London (1818).

im Raum London – Aufzeichnungen, die unter dem Titel *The Climate of London* in den Jahren 1817 und 1833 veröffentlicht wurden. Howard erkennt von seinem dezidiert cartesianischen Standpunkt aus den physikalischen Charakter der Wolken, die daher den gleichen Gesetzen unterworfen sind wie alle anderen natürlichen Vorgänge auch. So wie Carl von Linné es für Pflanzen und Tiere getan hatte, erstellt Howard die erste Klassifikation von Wolken mit lateinischen Begriffen, um sie universell verwendbar zu machen, und veröffentlicht sie 1803 in seinem *Essay on the Modification of Clouds* (Abhandlung über die Veränderungen der Wolken). Mit den nötigen Anpassungen bildet Howards Einteilung noch immer die Basis der heutigen Terminologie.

Wolken und die Notwendigkeit von Wettervorhersagen stehen in einem engen Zusammenhang, was auch die große Zahl traditioneller Bauernregeln belegt, die aus dem Anblick des Himmels die meteorologische Zukunft ableiten.

Abendrot Schönwetterbot.
Wenn Schäfchenwolken am Himmel stehn, kann man ohne Schirm spazieren gehn.
Regenbogen am Morgen lässt für Regen sorgen.
Berg mit Hut, das Wetter wird gut.
Ist der Himmel voller Sterne, ist die Nacht voll Kälte gerne.
Kommt Wind vor Regen, ist wenig daran gelegen, kommt aber Regen vor dem Wind, zieht man die Segel ein geschwind.

Das sind nur einige wenige Beispiele der von unseren Vorfahren überlieferten bäuerlichen Weisheit, geboren aus der Notwendigkeit, für die Landbestellung, für Reisen und letztlich zur Sicherung des Überlebens der Familien Voraussagen über das

Wetter zu treffen. Wohl deshalb werden Wetterereignisse auch häufig als Metaphern für Ereignisse im menschlichen Leben genutzt: Der »Sturm im Wasserglas« ist dafür nur ein Beispiel.

Die Metapher von der Wolke als einem sich in Raum und Zeit ausbreitenden und aus unzähligen Elementen bestehenden Gebilde hat sich in der Alltagssprache unseres digitalen Zeitalters festgesetzt, bezeichnet aber etwas komplett anderes: Das englische Wort *cloud* wird für einen virtuellen, über Tausende von »Knoten« im Netz verbundenen Raum genutzt, in dem sich Daten speichern, teilen und austauschen lassen *(cloud computing)*. Wolken spielen auch in der Vorstellung der Schlagwortwolke *(tag-cloud)* eine Rolle, einer Methode, um das Vorkommen bestimmter Wörter in einem bestimmten Textkorpus zu visualisieren: optisch in einer Art Wolke aus Wörtern, die ihrer Häufigkeit entsprechend groß oder fett dargestellt werden – irgendwie auch Wolken, aber ohne Tropfen und Kristalle.

ZWEI

KEINE WOLKE GLEICHT DER ANDEREN

Am Anfang war alles lebendig. Die kleinsten Gegenstände
waren mit pochenden Herzen ausgestattet,
und selbst die Wolken hatten Namen.

Paul Auster, *Bericht aus dem Inneren*[8]

Bevor wir beginnen, die Wolken zu befragen, sollten wir versuchen, sie zu klassifizieren. Wolken klassifizieren – klingt das für Sie widersinnig? Wie soll man Wolken benennen, deren Aussehen sich abhängig von den Launen des Windes und der Sonnenstrahlung ununterbrochen verändert? Tatsächlich ist das schwierig, aber nicht unmöglich. Fangen wir bei den Grundlagen an.

Klassifizieren bedeutet »in Klassen einteilen«, »Pflanzen, Tiere, Mineralien, Bücher etc. einer festgelegten Kategorie zuweisen«. Die Geschichte dieser Wortbedeutung verweist zurück auf Carl Nilsson Linnaeus – bekannter als Carl von Linné –, einen schwedischen Arzt, Botaniker, Naturkundler und Wissenschaftler, der die moderne wissenschaftliche Klassifikation aller Teilbereiche des Systems »Natur« initiierte. Linné führte 1735 die binäre Nomenklatur für Pflanzen, Tiere und Mineralien ein. Jedes Lebewesen wird durch einen ersten Namen einer

Gattung zugeordnet, den es mit allen Arten teilt, die bestimmte grundlegende Charakteristika gemein haben (Gattungsname). Der zweite Name bezeichnet die spezifische Art oder Spezies (Artname). So wird der Löwe wissenschaftlich zu *Panthera leo* (Linnaeus 1758), das heißt, er gehört der Gattung *Panthera* an (zu der auch Tiger, Leoparden und Geparden gehören) und der Spezies *leo*. Die linnésche Klassifikation war zu seiner Zeit geradezu eine wissenschaftliche Revolution, da sie es ermöglichte, einen Organismus eindeutig zu bestimmen, ohne auf langwierige Beschreibungen zurückgreifen zu müssen, wie sie bis dahin üblich waren.

Dass das linnésche System auf genau begrenzte natürliche Organismen mit stabilen oder, genauer, mit sich langsam (nach evolutionären Prinzipien) verändernden Eigenschaften relativ einfach anzuwenden ist, versteht sich. Offensichtlich komplizierter wird es, wenn wir derartige Kategorien für die Beschreibung von Wolken nutzen wollen, die zu den veränderlichsten und kurzlebigsten Elementen in der Natur gehören und darüber hinaus im Verlauf ihrer extrem schnellen zeitlichen Entwicklung (worauf ich später noch genauer eingehen werde) ihr Äußeres sehr deutlich verändern. Wie also könnte man sie

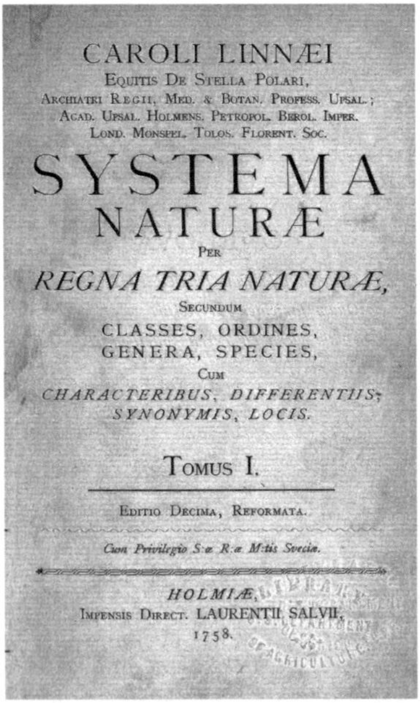
CAROLI LINNÆI
EQUITIS DE STELLA POLARI,
ARCHIATRI REGII, MED. & BOTAN. PROFESS. UPSAL.;
ACAD. UPSAL. HOLMENS. PETROPOL. BEROL. IMPER.
LOND. MONSPEL. TOLOS. FLORENT. SOC.

SYSTEMA NATURÆ
PER
REGNA TRIA NATURÆ,
SECUNDUM
CLASSES, ORDINES, GENERA, SPECIES,
CUM
CHARACTERIBUS, DIFFERENTIIS, SYNONYMIS, LOCIS.

TOMUS I.

EDITIO DECIMA, REFORMATA.

Cum Privilegio S:æ R:æ M:tis Sveciæ.

HOLMIÆ,
IMPENSIS DIRECT. LAURENTII SALVII,
1758.

ABB. 6 Frontispiz von Linnés 1758 erschienenem Buch *Systema Naturae.*

angesichts solch kontinuierlicher Wandlungsprozesse klassifizieren?

Die erste Antwort auf diese Frage wurde etwa siebzig Jahre nach der Einführung von Linnés System gegeben, und zwar in England durch den bereits erwähnten Chemiker, Apotheker, Meteorologen und Quäker Luke Howard, der als Vater der Nephologie, also der Wolkenkunde, betrachtet wird. Howard war ein Naturkundler ganz in der Tradition Linnés, er beobachtete die natürlichen Phänomene sehr gründlich mit der Intention, sie nach einem System von Regeln und Prinzipien zu beschreiben und ihre innere Funktionsweise zu verstehen. Howards Beobachtungen flossen in seinen *Essay on the Modification of Clouds* ein, den er 1802 in der Askesian Society vorstellte und 1803 als Buch veröffentlichte.

Howard führte mit seiner Klassifikation zwei fundamentale Neuigkeiten ein: eine lateinische Nomenklatur nach linnéschem Vorbild, um eine möglichst weltweite Verständigung zu ermöglichen, sowie eine cartesianische Herangehensweise. Dieser Ansatz schrieb den Wolken erstmals einen physischen Charakter zu, durch den sie den gleichen physikalischen Gesetzen unterworfen waren wie jedes andere Element der Natur. 200 Jahre später erscheint uns das völlig selbstverständlich, doch in Howards Epoche war es das ganz und gar nicht; da betrachtete man Wolken noch als von Physik und Chemie losgelöste romantisch-ätherische Himmelsgeschöpfe. Natürlich stützte Howard sich auf die Arbeit vieler früherer Naturbeobachter, darunter Ferdinand II. de' Medici, Großherzog der Toskana, ein begeisterter Forscher im Florenz zur Zeit Galileos, und Carl Philipp Theodor, Kurfürst von der Pfalz und seit 1777 auch von Bayern. Letzterer gründete 1780 die *Societas Meteorologica Palatina* (Mannheimer Meteorologische Gesellschaft), die erste internationale meteorologische Vereinigung, angeschlossen an die Mannheimer Akademie der Wissenschaften.

Howards Klassifikation sah drei grundlegende »Modifikationen« von Wolken vor:

- einfache Formen: *Cirrus, Cumulus, Stratus*
- Übergangsstadien: *Cirrocumulus, Cirrostratus*
- komplexe Formen: *Cumulostratus, Cumulocirrostratus (Nimbus)*

Auf dieser Basis entwickelte Howard eine Beschreibung komplexerer Formen, die sich aus den einfachen zusammensetzten. Seine Abhandlung von 1802 enthält eine ansehnliche Zahl von Zeichnungen und Aquarellen. Auch wenn sie den romantischen Vorstellungen seiner Zeit entsprachen, stellten sie doch im Vergleich zu früheren Himmels- und Wolkenbildern einen Fortschritt dar, da sie auch den Entstehungs- und Entwicklungsprozess abbildeten und darüber hinaus Bildunterschriften mit Informationen zu Wind und Temperatur lieferten.

Howards Forschung blieb nicht unbeachtet und weckte unter anderem das große Interesse und die uneingeschränkte Bewunderung Johann Wolfgang von Goethes, der in seiner Schrift *Wolkengestalt nach Howard* (1820) bekannte: »Ich ergriff die Howardische Terminologie mit Freuden […].«[9] Goethe war auf der Suche nach dem Urgeheimnis der Natur und betrachtete Howards Klassifikation als einen bedeutenden Schritt in die richtige Richtung. Natürlich war Goethes Sichtweise nur ein Vorspiel zur wissenschaftlichen Erklärung der Wolkenbildung:

> Die Wolken, eine dem Menschen von Jugend auf so merkwürdige Lufterscheinung, ist man in dem platten Lande doch nur

> als etwas Fremdes, Überirdisches anzusehen gewohnt. Man betrachtet sie nur als Gäste, als Streichvögel, die unter einem andern Himmel geboren, von dieser oder jener Gegend bei uns augenblicklich vorbeigezogen kommen; als prächtige Teppiche, womit die Götter ihre Herrlichkeit vor unsern Augen verschließen. Hier aber ist man von ihnen selbst, wie sie sich erzeugen, eingehüllt, und die ewige innerliche Kraft der Natur fühlt man sich ahndungsvoll durch jede Nerve bewegen.
>
> Briefe aus der Schweiz, 1779[10]

Seit Anfang des 18. Jahrhunderts haben die Wissenschaft und die Beobachtungsmöglichkeiten große Fortschritte erzielt, und so basiert die heutige Klassifikation zwar in ihren Grundprinzipien nach wie vor auf Howards Einteilung, wurde aber nach besser messbaren und überprüfbaren physikalischen Kriterien überarbeitet und verfeinert. Die international gültige Konvention wird von der World Meteorological Organization (WMO) erstellt und ständig aktualisiert, einer Unterorganisation der Vereinten Nationen mit Sitz in Genf, der die überwiegende Mehrzahl der nationalen Wetterdienste angehört. Seit 2017 ist der Internationale Wolkenatlas auf der Website der WMO kostenfrei zugänglich: https://cloudatlas.wmo.int/en/home.html

Gehen wir nun einen kleinen Schritt zurück. Bevor wir uns genauer mit der Klassifikation der Wolken beschäftigen, sollten wir eine konkrete Vorstellung von der Rolle haben, die sie in der Erdatmosphäre spielen. Man geht im Allgemeinen davon aus, dass Wolken im größten Teil der Atmosphäre bis in ihre höchsten Schichten vorhanden sind. Dabei beschränken sich die Wolken, die meteorologisch von Interesse sind, alle auf eine dünne Schicht unterhalb von 20 Kilometern Höhe. Es sind die, die wir täglich zu Gesicht bekommen und die rund um den

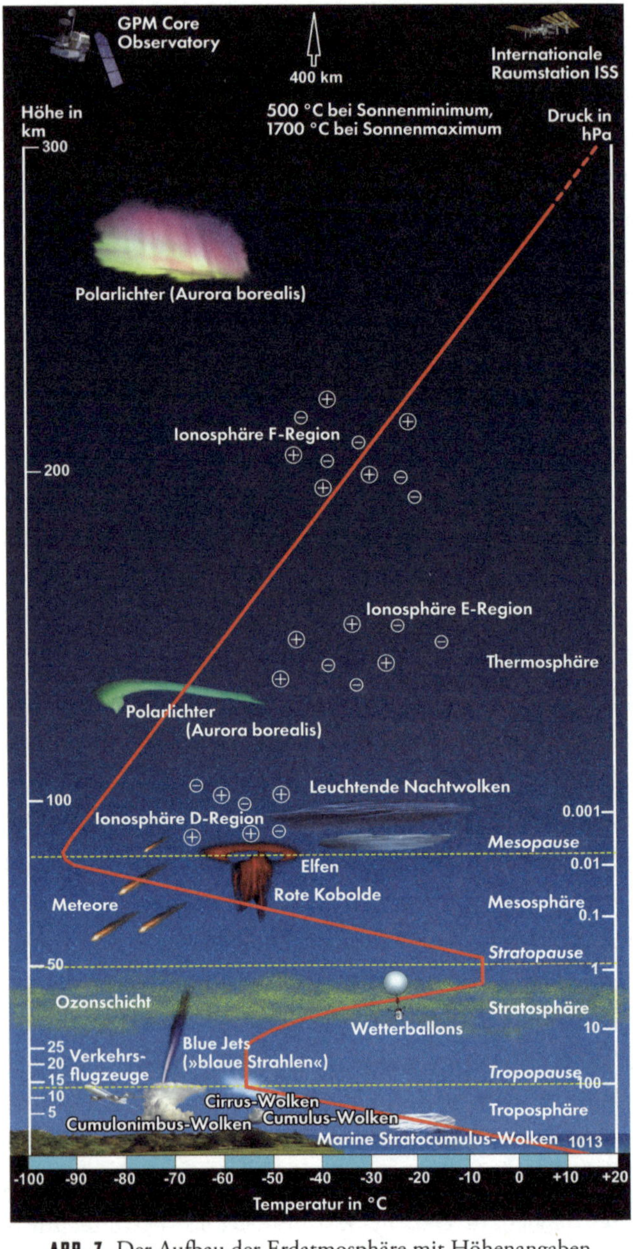

ABB. 7 Der Aufbau der Erdatmosphäre mit Höhenangaben (in km, Skala links), Luftdruck (in hPa = Hektopascal, Skala rechts) sowie der Temperatur (in °C, unten).

Erdball den Himmel bestimmen. Da die gesamte Erdatmosphäre etwa 300 Kilometer dick ist, handelt es sich also bei allen für uns normalerweise sichtbaren Wolken um relativ niedrige Wolken. Wolkenlos ist der Himmel oberhalb von 20 Kilometern Höhe allerdings nicht: Dort bilden sich die polaren Stratosphären- und Mesosphärenwolken, die nicht Teil des globalen Wasserkreislaufs sind und auf die ich später noch eingehen werde. Haben Sie die schon einmal zu Gesicht bekommen? Ich vermute nicht, außer Sie sind bereits in Skandinavien oder zumindest relativ weit nördlich in Europa in sehr großer Höhe geflogen.

Die der Erdoberfläche nächstgelegene Atmosphärenschicht, in der sich die Wolken befinden, heißt Troposphäre (von griech. *tropos* für »Wandel«, »Veränderung«). Sie enthält 75 Prozent der Gasmasse der Erdatmosphäre, wie das mit zunehmender Höhe rasche Nachlassen des Drucks in den unteren Schichten beweist. Darüber hinaus ist praktisch der gesamte Wasserdampf auf diese erste Schicht begrenzt, oberhalb befindet sich nur sehr wenig. Der Wasserkreislauf, zu dem die Wolken und so gut wie alle grundlegenden physikalischen und chemischen Prozesse gehören, die das Leben auf der Erde ermöglichen, findet also in einer dünnen Schicht statt, die vor der gefährlichen kosmischen Strahlung durch die gesamte darüber liegende Atmosphäre geschützt wird, vor allem von der Ozonschicht, die uns vor der ultravioletten Strahlung der Sonne schützt. Die thermische Struktur der Atmosphäre wird außerdem durch spürbare Temperaturanstiege und -abfälle (Inversionen) bestimmt, die sie in immer weniger dichte Schichten unterteilt, je weiter man sich von der Erdoberfläche entfernt.

Gattung	Art	Unterart	Sonderform	Begleitwolken
Cirrus	fibratus uncinus spissatus castellanus floccus	intortus radiatus vertebratus duplicatus	mamma fluctus	
Cirrocumulus	stratiformis lenticularis castellanus floccus	undulatus lacunosus	virga mamma cavum	
Cirrostratus	fibratus nebulosus	duplicatus undulatus		
Altocumulus	stratiformis lenticularis castellanus floccus volutus	translucidus perlucidus opacus duplicatus undulatus radiatus lacunosus	virga mamma cavum fluctus asperitas	
Altostratus		translucidus opacus duplicatus undulatus radiatus	virga praecipitatio mamma	pannus
Nimbostratus			praecipitatio virga	pannus
Stratocumulus	stratiformis lenticularis castellanus floccus volutus	translucidus perlucidus opacus duplicatus undulatus radiatus lacunosus	virga mamma praecipitatio fluctus asperitas cavum	
Stratus	nebulosus fractus	opacus translucidus undulatus	praecipitatio fluctus	

Gattung	Art	Unterart	Sonderform	Begleitwolken
Cumulus	humilis mediocris calvus capillatus congestus fractus	radiatus	virga praecipitatio arcus fluctus tuba	pileus velum pannus
Cumulonimbus	calvus capillatus		praecipitatio virga incus mamma arcus murus cauda tuba	pannus pileus velum flumen

TAB. 1 Einteilung der Wolken gemäß der WMO-Klassifikation.

Die moderne Klassifikation bedient sich nach wie vor lateinischer Namen für Gattungen und Arten, die zum Teil von Unterarten sowie Sonderformen und Begleitwolken ergänzt werden. In der meteorologischen Praxis werden Wolken normalerweise vor allem ihrer Gattung zugeordnet, die Bezeichnungen für die Arten werden seltener verwendet. Dafür nutzt man für die Beschreibung sehr häufig die Sonderformen und Begleitwolken, da sie auffällige Besonderheiten zum Ausdruck bringen.

Wolken werden nach zwei Hauptcharakteristika eingeteilt, die ihr allgemeines Aussehen bestimmen: die Höhe, in der sie sich befinden, sowie ihre Dichte und Entstehung. Die Abbildung zeigt die Gattungen, also die Hauptgruppen, denen sämtliche sichtbaren Wolken zuzuordnen sind, je nach ihrer Höhe. Wie man sieht, unterscheiden sie sich deutlich nach der Höhe ihres Vorkommens, ihrem Aussehen, ihrer Form und Dichte und ob sie zu Niederschlag führen oder nicht.

Gehen wir die Wolkengattungen einmal durch, die wir alle

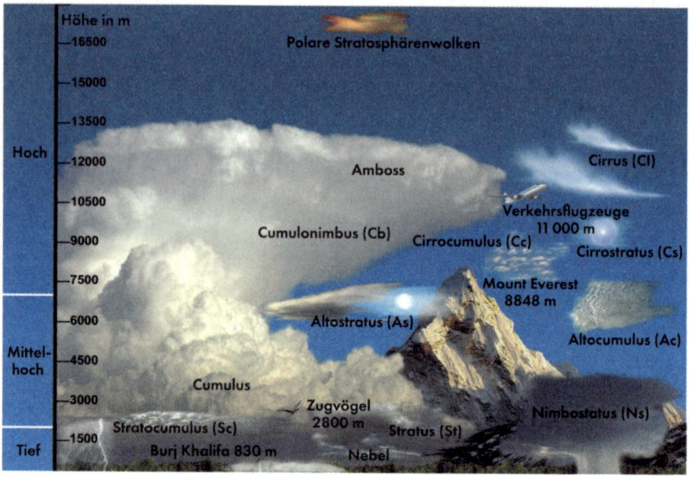

ABB. 8 Klassifikation der Wolken nach ihrer Höhe.

irgendwann einmal sehen können, vorausgesetzt, wir achten darauf und wählen einen guten Standpunkt – die Sicht sollte nicht von Gebäuden oder Hügeln und Bergen verdeckt sein, hinter denen sich vor allem die niedrigen Wolken verstecken. Betrachten wir sie wie ein Landschaftsmaler, der vor einer Staffelei sitzt und selbst die feinsten Details mit Ölfarben auf seine Leinwand bannen möchte. Versuchen wir, Form, Farbe, Höhe, Transparenz, vertikale und horizontale Entwicklung der Wolken zu erfassen – also alles, was wir beim Betrachten sehen können.

Jenseits der WMO-Einteilung, auf die ich später eingehen werde, lassen sich Wolken in zwei Hauptkategorien einteilen:

- stratiforme Wolken: Schichtwolken, die sich vor allem horizontal ausbreiten (bei vergleichsweise geringer vertikaler Schichtdicke); sie bilden sich normalerweise recht langsam durch den großflächigen Aufstieg warmer Luft;

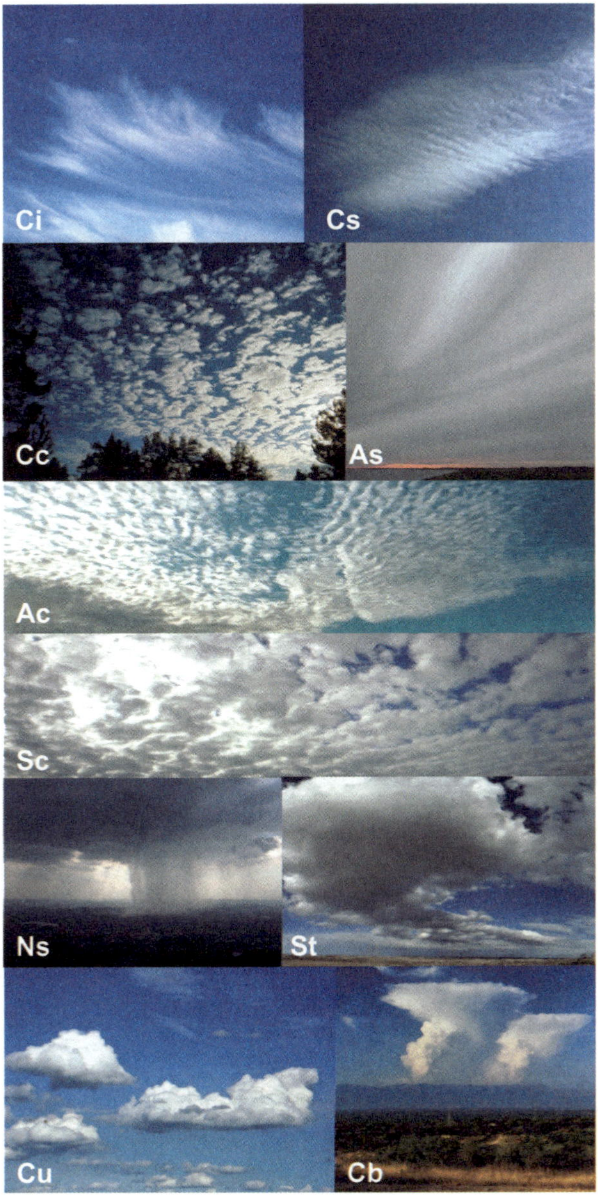

ABB. 9 Die zehn Wolkengattungen nach der WMO-Klassifikation: *Cirrostratus* (Cs), *Cirrocumulus* (Cc), *Altostratus* (As), *Altocumulus* (Ac), *Stratocumulus* (Sc), *Nimbostratus* (Ns), *Stratus* (St), *Cumulus* (Cu) und *Cumulonimbus* (Cb).

- konvektive Wolken: haufenförmige Wolken, bei denen die vertikale Dicke im Vergleich zu ihrer horizontalen Ausbreitung größer ist. Sie entstehen in der Regel durch Transport warmer Luft nach oben, hervorgerufen durch Sonnenwärme.

Die Abbildung zeigt die Wolkengattungen nach der gültigen WMO-Klassifikation, also die zehn Haupttypen mit den Abkürzungen aus zwei Buchstaben, die in der Meteorologie für Wetterkarten verwendet werden. Auf den ersten Blick mag diese Herangehensweise für so wandlungsfähige und ätherische Gebilde ein wenig nüchtern und gefühllos erscheinen, doch tatsächlich lassen sich mit der Einteilung sämtliche Wolken, die wir sehen, in allen ihren Erscheinungsformen erfassen, auch wenn sie sich je nach Licht, Wetter und Beobachtungsstandort beträchtlich unterscheiden können. Das Erste, was bei den Wolkennamen auffällt, sind deren lateinische Wurzeln, die Folgendes bedeuten:

- *Cirro-*: lat. »lockig«, »Locke«; hohe Wolken
- *Alto-*: Wolken in mittlerer Höhe
- *Strato-*: Schichtwolken (mittelhoch bis niedrig)
- *Nimbo-*: lateinisches Wort für Gewitterwolke, niedrige Wolke, aus der Niederschlag fällt
- *Cumulo-*: Wolke in Form einer vertikalen Anhäufung in niedriger Höhe

Die Höhe, in der sich die unterschiedlichen Wolken gewöhnlich befinden und die entscheidend für ihre Zuordnung zu den Arten ist, ist in drei Abschnitte eingeteilt: hoch, mittelhoch und tief.

Hohe Wolken befinden sich oberhalb von 6000 Meter und tragen ein *Cirrus-/Cirro-* im Namen. Sie bestehen aufgrund der niedrigen Temperaturen, die im oberen Teil der Troposphäre herrschen, vor allem aus Eiskristallen und erscheinen uns fein, zerfasert und weiß. Wenn wir an schönen Sonnentagen weiße, feine, »fedrige« Wolken sehen, handelt es sich um Cirrus-Wolken (Abk. Ci, auch Federwolken genannt), die sich in den größten Höhen befinden und ausschließlich aus Eis bestehen. Wenn der Himmel dagegen von einem ausgedehnten, fast transparenten Schleier bedeckt ist, handelt es sich um *Cirrostratus* (Cs). Der dritte Typus hoher Wolken ist *Cirrocumulus* (Cc), Schichtwolken, die aus einzelnen körnigen Elementen bestehen, die darauf schließen lassen, dass sich aufgrund von Erwärmung in ihrem Inneren Luftströme bewegen.

Die mittelhohen Wolken beherrschen die Zone zwischen 2000 und 6000 Meter und bestehen je nach Höhe, Jahreszeit und vertikalem Aufbau der Troposphäre entweder aus flüssigem Wasser oder Eis (oder beidem). Flache, einheitliche, mittelhohe Schichtwolken sind *Altostratus* (As) – von ihnen sind keine nennenswerten Niederschläge zu erwarten. Wie die Cirren der höheren Schichten können auch Wolken mit *Alto-* im Namen aus kleineren Häufchen bestehen, die wiederum auf das Aufsteigen sonnenerwärmter Luft hinweisen: Diese heißen *Altocumulus* (Ac). Solche Wolken, vor allem morgens, deuten auf eine erhöhte Instabilität der Atmosphäre und rasche Wetterveränderung hin.

Die tiefen Wolken haben keine einheitliche Vorsilbe, sondern tragen je nachdem, ob sie schichtartig oder lokal haufenartig aufgebaut sind, die Vorsilben *Strato-* oder *Cumulo-*. Häufig sehen wir sehr dichte Wolken, die den Himmel recht langweilig gestalten, weil sie gleichförmig sind und sich kaum verändern –

das ist die Gattung *Stratus* (St). Aus diesen einheitlichen, flachen, aus einer grauen Schicht bestehenden Wolken kommt kein oder bestenfalls ganz leichter Niederschlag. Sie kommen vor allem im Winter nach Gewittern vor, dann können Kälte und grauer Himmel mehrere Stunden oder auch ein bis zwei Tage andauern. Sie drücken merklich auf die Stimmung, sodass wir uns nach heitererem Wetter sehnen. *Stratocumuli* (Sc) sind Kreuzungen aus Schichten und Haufen (umgangssprachlich Haufenschichtwolken), bestehen also aus einzelnen Wolkenelementen des Typs *Cumulus* in gleichmäßiger Verteilung, wie sie dem Typ *Stratus* entspricht. Anders ausgedrückt kann man sich die *Stratocumulus-Wolken* wie eine Schicht aus Klumpen oder eben Haufen mit dichteren und dünneren Bereichen vorstellen.

Einen Himmel, aus dem sehr wahrscheinlich Regen oder im Winter Schnee fällt, stellen wir uns mit einer bleigrauen, dicken und dichten Wolkendecke vor – das sind *Nimbostratus* (Ns), die für andauernden Niederschlag sorgen und in der Regel nichts anderes sind als *Stratus-* oder *Stratocumulus*-Wolken. Wenn Ihre Oma an einem garstigen Wintertag von einem »Schneehimmel« sprach, dann meinte sie *Nimbostratus*-Wolken.

Bleibt noch die Frage, wie diese hübschen Wolken heißen, die wie schneeweiße Wattebäusche aussehen. Es handelt sich um *Cumulus* (Cu), allgemeinsprachlich Haufen- oder Quellwolken, meist zellenförmig, mit flacher Unterseite und rundlicher Oberseite, die sich vertikal entwickeln – von dieser vorwiegend vertikalen Ausdehnung leitet sich ihr Name auch ab. So werden *Cumulus*-Wolken mit geringer vertikaler Entwicklung, die an einem sonnigen Tag wie zufällig über den Himmel verteilt sind, gern als *Cumulus humilis* oder Schönwetterwolken bezeichnet. Eine *Cumulus*-Wolke mit beträchtlicher vertikaler

ABB. 10 *Cirrus uncinus* (links), *Cirrus fibratus* (Mitte), *Cirrus floccus* (rechts).

ABB. 11 *Cumulus humilis* (links), *Cumulus mediocris* (Mitte), *Cumulus congestus* (rechts).

Entwicklung (aber noch kein Gewitter) wird *Cumulus congestus* genannt. Bei hinreichender atmosphärischer Instabilität, Feuchtigkeit und Aufwärtsbewegung kann das durch die Sonnenwärme verursachte Aufsteigen der Luft die Entwicklung der *Cumulus*-Wolke zu *Cumulonimbus* (Cb) bewirken, was zu einem Gewitter mit heftigem Regen führt. Das heißt, diese haufenförmigen Wolken (also mit vorwiegend vertikaler Entwicklung) bestimmen häufig unseren Sommerhimmel, sind Vorboten von Regen und bei vertikaler Entwicklung auch eines kräftigen Gewitters. Wenn sie weiße Bäusche bleiben, verschwinden sie wieder und bescheren einen schönen Tag. Wenn sie rasch wachsen, sich in Wolkengebirge verwandeln und ihre Farbe bleiern wird, können wir darauf wetten, dass ein Unwetter droht und wir bis auf die Knochen nass werden.

Nachdem die *Gattung* einer Wolke identifiziert ist, muss man auf einige der untergeordneten Kategorien der Klassifikation zurückgreifen, die spezielle Aspekte genauer beschreiben. Die nächste Stufe betrifft die Wolken*art*, die ihre Form oder innere Struktur genauer definiert. Um die Bedeutung der Art bei der Beschreibung von Wolken genauer zu erklären, möchte ich auf zwei Beispiele zurückgreifen, eine hohe Wolke *(Cirrus)* und eine tiefe *(Cumulus)*.

Jenen ganz weißen, faserigen Wolken, die scheinbar in weiter Ferne mit dem Pinsel auf den azurblauen Himmel getupft sind, schenken wir selten genauere Beachtung. Ich spreche von Cirren, Federwolken, die sehr hoch an der Grenze zur Stratosphäre schweben. Abb. 10 zeigt drei Beispiele für *Cirrus*-Wolken, die aufgrund der niedrigen Temperaturen in so großer Höhe alle aus Eiskristallen bestehen. Sie unterscheiden sich lediglich äußerlich. *Cirrus uncinus* sieht wie ein von einem Schopf oder Haken gekröntes Komma aus. *Cirrus fibratus* besteht dagegen aus einem dünnen Schleier gerader oder gebogener Fäden ohne Haken oder Schopf. *Cirrus floccus* schließlich erinnert an einen leicht getürmten Schopf oder Wattebausch in großer Höhe.

Welche Wolken unterscheiden sich von solchen Federwolken am deutlichsten? Mit Sicherheit die, die sehr nahe und sehr »massiv« zu sein scheinen. Das sind *Cumulus* (Abb. 11), tief hängende Wolken und fester Bestandteil des sommerlichen Himmels. *Cumulus humilis* ist das Anfangsstadium jeder *Cumulus*-Wolke, ihre vertikale Ausdehnung ist noch bescheiden, sie sieht üblicherweise eher flach aus. *Cumulus mediocris* hat bereits eine größere, aber immer noch moderate vertikale Ausdehnung, mit kleinen Ausbuchtungen an der Oberseite. Sie weist gewöhnlich auf eine größere atmosphärische Instabilität hin, die eine noch stärker ausgeprägte vertikale Entwicklung einleitet. *Cumulus congestus* ist eine in ihren Konturen deutlich abgegrenzte Wolke mit beträchtlicher vertikaler Entwicklung und einer an Blumenkohl erinnernden Oberseite. Sie ist das Vorspiel für eine eventuelle Verwandlung in *Cumulonimbus*, falls die atmosphärische Instabilität entsprechend groß ist – dann gibt es ein Gewitter.

Die Wolken-Klassifikation enthält auch Unterarten (Spalte 3 in Tabelle 1), die einen ohne Zweifel flüchtigeren Aspekt des Aussehens von Wolken erfassen, da sie sich auf die räumliche Anordnung der Wolkenteile und den Grad ihrer Lichtdurchlässigkeit beziehen. Eine bestimmte Wolke kann Bezeichnungen mehrerer Unterarten tragen (solange sie sich nicht gegenseitig ausschließen, wie *translucidus* und *opacus*). Die Existenz dieser Unterarten bedeutet aber nicht, dass eine bestimmte Wolke eine oder mehrere solcher Bezeichnungen bekommen *muss*. Worum es hier geht, will ich am Beispiel von *Altocumulus* erklären. Abb. 12 zeigt drei Unterarten dieser Gattung. *Altocumulus stratiformis translucidus* ist eine ausgedehnte Schicht-

ABB. 12 (OBEN) *Altocumulus stratiformis translucidus* (links), *Altocumulus stratiformis perlucidus* (Mitte), *Altocumulus stratiformis opacus* (rechts).

ABB. 13 (LINKS) *Virga* vom Flugzeug aus gesehen (links) und von der Erde aus bei Sonnenuntergang (rechts).

wolke, die großteils so durchscheinend ist, dass man den Sonnenstand im Tagesverlauf erkennen kann – was man sofort merkt, weil die Sonne im Gegenlicht hervorlugt. *Altocumulus stratiformis perlucidus* besteht aus meist deutlich abgegrenzten, aber manchmal nicht sehr großen Elementen mit Zwischenräumen, in denen sich Sonne, Mond oder Himmel zeigen. *Altocumulus stratiformis opacus* schließlich ist, wie der Name schon sagt, opak und dicht, sodass die Sonne nicht sichtbar ist. Sie bildet eine durchaus beklemmend wirkende Wolkendecke.

Bisweilen lässt die Klassifikation auch Raum für Fantasie – doch, wirklich! –, nämlich wenn die Wolken zusätzliche Kennzeichen aufweisen, die gar nicht oder nur begrenzt zu ihrer Identifizierung beitragen. Ich spreche von den sogenannten Sonderformen (Spalte 4 in Tabelle 1). In der Folge sehen wir uns einige wichtige näher an, die eine spezifische Umgebung bei der Wolkenentwicklung sowohl in physikalischer als auch in zeitlicher Hinsicht kennzeichnen. Wir werden feststellen, dass die entsprechenden Kennzeichen zwar oft recht eigen und nicht unbedingt häufig zu beobachten, aber meist spektakulär sind.

Eine gängige Sonderform von Niederschlagswolken, denen häufig keine Beachtung geschenkt wird bzw. die kaum jemand kennt, ist *virga* (Abb. 13). Sie haben diese Formen vermutlich schon häufig in der Ferne gesehen, ohne zu wissen, worum es sich handelt. Es sind senkrechte oder schräge Regenschlieren (je nachdem, wie viel Wind unter ihnen hängt), die aus der Unterseite der Wolke fallen, aber nicht auf den Boden gelangen. Das liegt an sehr trockener Luft zwischen Wolke und Boden, die dazu führt, dass die Regentropfen (oder Schneeflocken) während des Fallens bereits verdunsten. Somit handelt es sich zwar um Niederschlag, nur bemerken wir es nicht, da er nicht

ABB. 14 *Praecipitatio* (Niederschlag) aus *Cumulonimbus* während eines Gewitters (links) und aus *Nimbostratus* während eines Sommerregens (rechts).

bis auf unsere Köpfe fällt. Wenn Sie in Zukunft darauf achten, werden Sie öfter einmal *virga* sehen und wissen, womit Sie es zu tun haben.

Auch bei einer weiteren Sonderform, die genau wie *virga* aussieht, geht es um Niederschlag, der in diesem Fall jedoch den Boden erreicht und dessen Intensität gemessen werden kann. Es handelt sich um *praecipitatio*; Abb. 14 zeigt zwei Beispiele, *Cumulonimbus* (Gewitterwolke) und *Nimbostratus*. In beiden Fällen sehen wir die Regenschlieren bis zum Boden reichen. Beim Anblick solcher Schlieren unter fernen Wolken können wir davon ausgehen, dass es regnet und wir nass werden könnten.

Wenden wir uns vorübergehend von den Niederschlagswolken ab und einer im Jahr 2009 vorgeschlagenen Sonderform zu, die es allerdings erst 2017 in den internationalen WMO-Wolkenatlas geschafft hat. Es geht um ausgesprochen spektakuläre, beeindruckende Wolken: *Asperitas*. Mit dieser Bezeichnung wird eine Auffälligkeit im unteren Teil von Wolken beschrieben, die auf atmosphärische Wellen darüber zurückzuführen ist.

ABB. 15 *Altocumulus stratiformis opacus asperitas.*

Sie kann glatt oder von kleineren Strukturen durchzogen sein – was aussieht, als würde man die Meeresoberfläche von unten betrachten. Diese Eigenheit kommt vor allem bei Wolken der Gattung *Stratocumulus* und *Altocumulus* vor (Beispiel Abb. 15).

Wer jedoch wirklich besondere und ungewöhnliche Wolkenformen sehen möchte, sollte nach *Fluctus*-Strukturen Ausschau halten (Abb. 16). Sie entstehen durch normalerweise kurzlebige atmosphärische Wellen und erscheinen meist am Kamm von *Cirrus*, *Altocumulus*, *Stratocumulus*, *Stratus* und *Cumulus* in Form von Löckchen oder brechenden Wellen. Keine Sorge: Es handelt sich nur um Kelvin-Helmholtz-Wellen, benannt nach William Thomson Lord Kelvin und Hermann L. F. von Helmholtz, den beiden Physikern des 19. Jahrhunderts, die sie erstmals erforscht haben. Das sind ganz natürliche Phänomene, die durch die Verwirbelung zweier atmosphärischer Schichten unterschiedlicher Dichte entstehen. Der Anblick ist so seltsam und fremdartig, dass er schon Menschen in Angst und Schrecken versetzt hat, weil sie ihn als Hinweis auf den Besuch von Aliens oder gefährliche militärische Experimente deuteten. Tatsächlich tritt das Phänomen, vor allem in Berggegenden, häufiger auf.

Um zu zeigen, dass vor allem die Strömungsdynamik die Struktur und Entwicklung der Wolken in der Atmosphäre beeinflusst, sehen wir uns nun eine besondere Formation an, die sich nur schwer direkt beobachten lässt, wenn man nicht gerade ganz bestimmte Orte dieser Erde in großer Höhe mit dem Flugzeug überfliegt. Ansonsten kann man das Phänomen nur aus dem Weltraum mithilfe von Wettersatelliten aufspüren. Ich spreche von Kármán-Wirbelstraßen, benannt nach dem Ingenieur und Aerodynamik-Spezialisten Theodore von Kármán, der sie erstmals mathematisch beschrieb. Abb. 17 zeigt ein Beispiel, entstanden in der Gegend der chilenischen Juan-Fernández-

ABB. 16 Beispiele für Wolken mit *Fluctus*-Strukturen oder Kelvin-Helmholtz-Wellen.

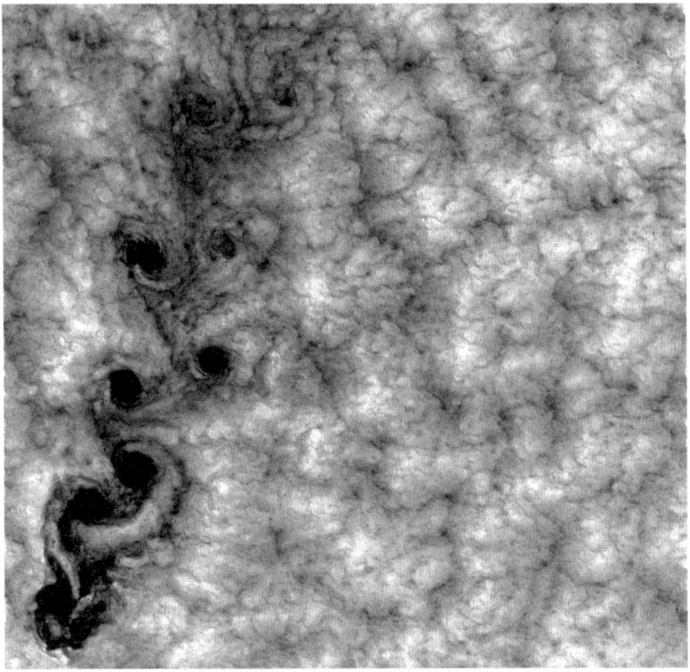

ABB. 17 Kármánsche Wirbelstraße in einer Wolkendecke aus marinen *Stratocumuli*, aufgenommen vom Satelliten Landsat 7 am 15. September 1999 über den westlich der chilenischen Küste gelegenen Juan-Fernández-Inseln (NASA).

Inseln. Der Satellit hat die gegenläufigen Verwirbelungen in marinen *Stratocumulus*-Wolken eingefangen. Beobachtet haben Sie das Phänomen bestimmt schon beim Blick von einer Brücke in einen Fluss: Beim Umfließen der Brückenpfeiler bildet das Wasser genau solche abwechselnd nach rechts und links drehenden Wirbel. Im Großen und Ganzen wiederholen sich überall in der Natur die gleichen Muster, die sich viel leichter erklären lassen, als man denkt.

Haben Sie schon mal eine Wolke mit einem Loch in der Mitte gesehen? Nein, ich spinne nicht, ich beschreibe nur eine weitere

ABB. 18 *Cavum* in *Altocumulus*-Wolken mit Brechung von Sonnenstrahlen (links) und mit *Virga* aus fallenden Eiskristallen (rechts).

Wolke, deren Anblick manche Leute panisch werden lässt, weil sie fürchten, gleich würde eine fliegende Untertasse landen. Tatsächlich jedoch handelt es sich um die Sonderform *Cavum* bei *Altocumulus* und *Cirrocumulus*, mit einem echten »Loch« in einer Schicht unterkühlter Tröpfchen (ich erkläre später, wie so etwas möglich ist). Begleitet werden solche Wolken von *Virga* aus Eiskristallen, die aus dem Zentrum des Hohlraums fallen, das sich mit der Zeit immer weiter vergrößert. Grund dafür ist im Allgemeinen ein Flugzeug, das die Wolkenschicht durchfliegt, was die unmittelbare Vereisung von Schwebetröpfchen verursacht, die daraufhin fallen. Das ist bei Starts und Landungen häufig der Fall, sodass man *Cavum* besonders oft in der Nähe von Flughäfen zu sehen bekommt (zwei Beispiele auf Abb. 18).

Alles schön und gut, aber Sie machen sich langsam Sorgen, dass ich die Gewitter vergessen habe. Nein, natürlich nicht, denn all die Sonderformen der Gewitterwolken *(Cumulonimbus)* verdienen selbstverständlich eine gesonderte Betrachtung.

Mit der Bezeichnung *Incus* bzw. englisch *anvil* (Amboss), wie sie in der Meteorologie verbreiteter ist, beschreibt man die abgeflachte Oberfläche von *Cumulonimbus* (Abb. 19), die sich seitlich ausbreitet (eben wie ein Amboss). Sie kann glatt, faserig oder streifig aussehen. Dieser Teil der Wolke ist im Wesentlichen ein *Cirrus* aus Eiskristallen. Die Abflachung oben hat vor allem damit zu tun, dass die Gewitterwolke die Höhe der Tropopause erreicht hat (die Grenze zwischen Troposphäre und Stratosphäre), eine Grenze, ab der die Temperatur mit der Höhe nicht mehr fällt, sondern wieder steigt. Diese Temperatur-Inversion (vgl. Abb. 7) ist eine richtige »Mauer«, die die aufsteigende Luft unterhalb dieser Höhe gefangen hält. Darum kann Cumulonimbus nicht mehr nach oben wachsen, sondern flacht ab und formt zur Seite den Amboss.

ABB. 19 *Incus* an der Oberfläche einer beeindruckenden Reihe von *Cumulonimbus*-Wolken.

Es ist ja bekannt, dass die Natur sich ab und an einen Scherz erlaubt. Und darum gibt es Wolken, die nach unten wachsen. Quatsch? Nicht wirklich. Sehen wir uns *Mamma* an, deren lateinische Bezeichnung wörtlich »Brust« bedeutet. Es sind beutelartige Ausbuchtungen an der Unterseite, wie sie vor allem bei *Cumulonimbus*, aber auch bei *Cirrus*, *Cirrocumulus*, *Altocumulus*, *Altostratus* und *Stratocumulus* vorkommen. Sie entstehen, wenn sehr große Eiskristalle aufgrund ihres eigenen Gewichts aus der Wolke nach unten gezogen werden. Die Kristalle treffen auf sehr trockene Luft unterhalb der Wolke, wodurch sie verdunsten (man nennt es Sublimation, wenn Wasser, ohne flüssig zu werden, direkt vom festen in den gasförmigen Zustand übergeht). Da die trockene Luft jede einzelne dieser Ausbuchtungen umgibt, geht die Sublimation an der Oberfläche der *Mamma* sehr gleichmäßig vonstatten, was sie so hübsch rundlich formt. Abb. 20 zeigt einige Beispiele, wie sie sich häufig in den Strahlen der untergehenden Sonne beobachten lassen –

ein beeindruckender Anblick, den ein Gemälde wohl kaum wiedergeben könnte. Bei Gewitterwolken hängen *Mamma* aus dem Amboss, der erst in der Endphase eines Gewitters entsteht, und weisen damit ganz deutlich auf seine Auflösung hin.

Nicht alle Gewitter sind gleich, und vor allem haben nicht alle die gleichen Auswirkungen vor Ort. Die einen sorgen nur für einen Guss, andere gehen mit heftigem Wind, Starkregen, Hagel und Ähnlichem einher. Abb. 21 zeigt das Zentrum an der Unterseite von *Cumulonimbus*-Wolken, die für extreme Gewitter (sogenannte Unwetter oder Extremwetterereignisse) sorgen. Die Sonderform *Murus*, auch als *Wallcloud* bezeichnet, ist eine örtlich begrenzte, oft plötzliche und andauernde Absenkung von *Cumulonimbus* im Zusammenhang mit Superzellen (die sich durch die Rotation des Wolkenkörpers definieren) oder Multizellen (bestehend aus mehreren Zellen, die sich jeweils in einer unterschiedlichen Phase des Lebenszyklus eines Gewitters befinden). Sie entwickelt sich im regenfreien Bereich mit aufsteigender heißer Luft (Aufwind). Die *Cauda* oder *Tail cloud* ist ein tief hängender wolkiger Schwanz, der sich vom Hauptniederschlagsbereich eines *Cumulonimbus* bis zum *Murus* erstreckt und sich auf gleicher Höhe wie dieser befindet. Beides sind Charakteristika einer Superzelle. Eine *Arcus-Wolke* oder *Shelf cloud* ist schließlich eine Art Wolkenrolle an der Unterseite der vorderen oder seitlichen Ausbreitungsfront von *Cumulonimbus* (seltener *Cumulus*), die wie ein sehr dunkler, bedrohlicher Bogen aussieht. Warum werden die Strukturen eines *Cumulonimbus* so genau, fast pedantisch beschrieben? Weil man sich dann in der Nähe eines starken Gewitters noch rechtzeitig in Sicherheit bringen kann. Anders gesagt lässt sich mithilfe dieser präzisen Definitionen eine sehr kurzfristige Vorhersage über die tatsächlichen Auswirkungen einer Gewitterwolke treffen.

ABB. 20 (RECHTS) *Mamma* an der Unterseite diverser Wolken.

ABB. 21 (UNTEN) *Murus* (*Wallcloud*, links), *Cauda* (*Tail cloud*, Mitte) und *Arcus* (*Shelf cloud*, rechts) in Superzellengewittern.

ABB. 22 (RECHTS)
Sonderform *Tuba* in Superzellen über Land.

ABB. 23 (UNTEN)
Sonderform *Tub* in Superzellen über dem Meer.

Bei unserer Begutachtung der Gewitterwolken kommen wir nun zu etwas, was man normalerweise gar nicht als Wolke bezeichnen würde: die Sonderform *Tuba*, im Prinzip eine Wolkensäule, die aus der Unterseite der Wolke herauswächst und die sichtbare Manifestation eines schnell und kräftig rotierenden Wirbels darstellt. Einige Beispiele dafür habe ich auf Abb. 22 zusammengestellt. Sind das nicht Tornados, werden Sie fragen. Doch, genau das sind sie. Wie man auf dem linken Bild sehen kann, entstehen solche Wirbel aus der *Murus*-Zone der Wolke, und sie sind nur dann sichtbar, wenn sie die Erde erreichen, weil sie dann Staub und Schutt aufwirbeln. *Tuba* in Gewittern über dem Meer sehen ebenfalls imponierend aus, denn sie erzeugen Wassersäulen, sogenannte Wasserhosen (Abb. 23).

Widmen wir uns nun der Spalte 5 in Tabelle 1: Dort sind die sogenannten Begleitwolken aufgeführt, kleinere Wolken, die die Hauptwolke begleiten und in der Regel mit ihr verbunden sind (manchmal auch nicht). Worum handelt es sich, und inwiefern sind sie »Begleiter«?

Da wäre erstens der Typ *Pannus*, der aus Wolkenfetzen in einer mehr oder weniger zusammenhängenden Schicht besteht, die unter einer anderen Wolke liegt und manchmal mit ihr verbunden sein kann. Meist tritt er in Kombination mit *Altostratus*, *Nimbostratus*, *Cumulonimbus* und *Cumulus* auf, aus denen in Kürze mit Niederschlag zu rechnen ist. Auf Abb. 24 findet sich ein Beispiel für *Cumulonimbus praecipitatio pannus*, die sich mit ihrer hellgrauen Farbe deutlich vom schwarzen *Cumulonimbus* abhebt.

Wolken, die wie Flüsse aussehen – warum nicht? Die Begleitwolke *Flumen* tritt in Verbindung mit *Cumulonimbus* und häufig mit Superzellengewittern auf. Ihren Namen erhielt sie auf-

ABB. 24 *Cumulonimbus praecipitatio pannus.*

ABB. 25 *Cumulonimbus arcus praecipitatio flumen pannus.*

grund der Ähnlichkeit mit einem Fluss feuchter Luft in der Basis eines *Cumulonimbus*; aufgrund der breiten, flachen Form ist auch die Bezeichnung »Biberschwanz« *(beaver tail)* eingeführt. Sie ist nicht mit einer *Tail cloud* zu verwechseln, denn Begleitwolken des Typus *Flumen* (Abb. 25) befinden sich in viel größerer Höhe und speisen unmittelbar die Säule aufsteigender feuchter Luft (Aufwind) in *Cumulonimbus*-Wolken.

ABB. 26 Ein typisches Beispiel für *Pileus* auf einem *Cumulonimbus.*

Mildern wir die Bedrohlichkeit von Gewittern in ihrer stärksten Form nun ein wenig ab, und begeben wir uns in eine Höhe darüber, wo wir eine der seltsamsten Wolkenformen überhaupt antreffen: *Pileus*. Im Gegensatz zu *Pannus* und *Flumen* hat diese Begleitwolke eine geringe horizontale Ausbreitung und die Form einer Kappe (lat. *pileus*; vgl. Abb. 26). Sie bedeckt die Oberseite einer Haufenwolke oder haftet daran und wird, wenn diese aufgrund der aufsteigenden Warmluft weiter anwächst, häufig durchstoßen. *Velum*, der letzte Typus von Begleitwolken, hat im Gegensatz zu *Pileus* eine große horizontale Ausdehnung in der Nähe oder über einer oder mehrerer Haufenwolken, von denen sie ebenfalls häufig durchstoßen wird (Abb. 27). Wie kommt es zu diesen Begleitwolken? Gewitterwolken, die ebenso wie Berge ein Hindernis für warme und feuchte Luftströme darstellen, sind der Hauptgrund für ihre Entstehung. Auch wenn Gewitterwolken nicht so fest wie Berge sind, sind

ABB. 27 *Velum* über *Cumulonimbus*-Wolken.

ABB. 28 *Cumulonimbus flammagenitus* oder *Pyrocumulus*.

sie doch fest genug, um an ihrer Oberfläche die warme und feuchte Luft nach oben strömen zu lassen, was zur Kondensation des Wasserdampfs und zur Entstehung der kappenförmigen Wolken führt. Erstaunlich, nicht wahr? Solche Wolken zu beobachten, ist allerdings wirklich schwierig – man muss zufällig zur richtigen Zeit auf dem Gipfel eines Berges stehen und in einer gewissen Entfernung die Entwicklung eines Gewitters

ABB. 29 *Cumulonimbus flammagenitus*, hervorgerufen durch den Ausbruch des Vulkans Taal in der Nähe der philippinischen Hauptstadt Manila im Januar 202).

verfolgen. *Pileus* ist dann theoretisch ganz leicht zu sehen, aber sowohl Sie als auch das Gewitter müssten zur Stelle sein, und wenn Gewitter vorhergesagt sind, geht man nun mal nicht auf Bergtour.

Wolken entstehen immer und ausschließlich durch das Aufsteigen warmer und feuchter Luft, doch dieser Aufstieg wird manchmal durch lokale Phänomene bewirkt, die sich stark von dem unterscheiden, was ich bisher geschildert habe und woran man im Normalfall denkt. Bestimmte Wolkentypen entstehen und wachsen beispielsweise aus Bränden, Vulkanausbrüchen, Rauchfahnen von Fabrikschloten, sehr großen Wasserfällen, den Kondensstreifen von Flugzeugen oder der Verdunstung über Wäldern. Gewitterwolken können sich aus lokalen Quellen wie dem Aufstieg warmer Luft als Resultat von Waldbränden oder Vulkanausbrüchen bilden und erhalten dann die Zusatzbezeichnung *flammagenitus*. Sie bestehen aus einer Mischung von Wassertropfen und Rauch, Asche und den Abfallstoffen der Verbrennung. Es handelt sich um *Cumulus*-Wolken, die sich häufig zu *Cumulonimbus* entwickeln. Abb. 28 zeigt eine aus einem Waldbrand entstandene Wolke, Abb. 29 eine Wolke, die auf den Ausbruch des Vulkans Taal auf den Philippinen (mit einem Höhepunkt kurz vor Mitte Januar 2020) zurückzuführen ist. Beim Blick auf die Fotos erschließt sich unmittelbar, dass es sich um Gewitterwolken handelt, und doch ist etwas ungewöhnlich: Sie sind von einem sehr satten Dunkelgrau, was auf die Aschemischung zurückzuführen ist, die die Wassertropfen kondensieren lässt und sie zugleich dunkel färbt.

Der Mensch selbst hat – wie sollte es anders sein – einen entscheidenden Einfluss auf die Wolken, nicht nur durch Brandrodung zur Gewinnung von Anbau- oder Weideflächen. Wenn er zu ihrer Entstehung beiträgt, klassifiziert die WMO sie als

ABB. 30 *Cumulus mediocris homogenitus.*

ABB. 31 *Cirrus homogenitus*, auch Kondensstreifen genannt.

homogenitus. Dazu gehören Haufenwolken, die aus der heißen Luft entstehen, die aus Schornsteinen von Industrieanlagen (vor allem zur Energiegewinnung) entweicht (Abb. 30). Ein weiteres Beispiel für Wolken des Typs *homogenitus* sind die Kondensstreifen der Flugzeuge (ein besonders eindrückliches Beispiel zeigt Abb. 31). Manchmal kann man beobachten, wie sie sich unter dem Einfluss von starkem Wind in der Höhe

ABB. 32 *Cirrus homogenitus homomutatus.*

ABB. 33 *Cumulus cataractagenitus.*

deutlich verbreitern und so natürlichen Wolken in großer Höhe ähneln – dann werden sie als *homomutatus* bezeichnet. Sie bekommen den passenden Gattungsnamen (beispielsweise *Cirrus*, *Cirrocumulus*, *Cirrostratus*), gefolgt von der entsprechenden Unterart und Sonderform, der dann *homomutatus* ange-

ABB. 34 *Stratus fractus silvagenitus.*

hängt wird. Ein Beispiel für *Cirrus fibratus homomutatus* sehen Sie in Abb. 32.

Auch Wasserfälle und Wälder sind Quellen für die Wolkenbildung. An großen Wasserfällen entsteht ein Nebel aus fallenden Tropfen, deren Abwärtsbewegung durch die lokal aufsteigende Luft kompensiert wird. Daraus entstehende Wolken bekommen den entsprechenden Gattungsnamen, gefolgt von der Bezeichnung *cataractagenitus* (vgl. das Beispiel in Abb. 33).

Über Wäldern entstehende Wolken sind das Ergebnis erhöhter Feuchtigkeit infolge der Ausdünstungen von Blättern und Nadeln. Auch in diesem Fall erhält die Wolke den passenden Gattungsnamen, ergänzt von Art, Unterart, Sonderform und der Bezeichnung *silvagenitus* – Abb. 34 zeigt *Stratus fractus silvagenitus.*

Überwindet ein Luftstrom einen Berg oder eine Bergkette, bilden sich in der Nähe des Kamms oder knapp darunter häufig Wolken, die Ihnen bestimmt schon aufgefallen sind, da das Phänomen beim Bergwandern und auch beim Blick aus der Ebene gut sichtbar ist. Dabei handelt es sich um *orografische*

Wolken, deren Besonderheiten sich von den bisher behandelten Wolkengattungen beträchtlich unterscheiden können, auch wenn sie meist einer von ihnen zuzuordnen sind. Die *Orografie* (das Relief des Geländes) bewirkt meist eine verstärkte Wolkenbildung auf der dem Wind zugewandten Seite des Hindernisses (wegen der durch das bergige Hindernis verstärkten Aufwärtsbewegung warmer, feuchter Luft) und eine Auflösung auf der dem Wind abgewandten Seite (aufgrund ihres Absinkens). Die Barriere, die ein Gebirge darstellt, kann Wellen entstehen lassen, und dieses Oszillieren führt oft zur Entstehung von linsenförmigen Wolken an ihrem Kamm, ein untrügliches Zeichen für die durch das Bergrelief hervorgerufene Veränderung der Luftströme. Auffällige Beispiele für *Lenticularis* finden sich in Abb. 35.

Lassen wir nun die Wolken, wie wir sie kennen (das heißt Ansammlungen von Tröpfchen, Kristallen, Schneeflocken, Hagelkörnern und so weiter), hinter uns. Wolken bestehen nämlich *nicht immer* aus Wasser. Die, die sich in der Troposphäre befinden, sich also unterhalb einer Höhe von 20 Kilometern entwickeln, natürlich schon, doch gibt es auch zwei nicht wässrige Wolkentypen, die sich in großer und größter Höhe bilden.

Der erste Typ, die polaren Stratosphärenwolken (Abk. PSC für engl. *polar stratospheric cloud*), haben hauptsächlich zwei Unterarten. Eiswolken, die sich in einer Höhe zwischen 15 und 25 Kilometern bei Temperaturen unter minus 85 Grad Celsius bilden, werden aufgrund ihrer Farbe auch Perlmutterwolken genannt (Abb. 36). Ihre irisierenden Farben sind der Diffraktion (Beugung) und Interferenz (Überlagerung) der Lichtwellen geschuldet und weisen darauf hin, dass sie aus runden Eiskristallen mit einem Durchmesser von etwa einem Mikrometer, also einem Millionstel Meter, bestehen. Leider lassen sie sich

ABB. 35 Linsenwolken *(Lenticularis)* orografischen Ursprungs.

ABB. 36 Polare Stratosphärenwolken.

nur an ausgewählten Orten dieser Erde betrachten, in der Antarktis, in Schottland, Skandinavien, Alaska, Kanada oder im Norden der Russischen Föderation zum Beispiel. Eine Variante der PSC stellen die aus Wasser und Salpetersäure bestehenden Wolken dar, die bei Temperaturen unter minus 78 Grad in höheren Breiten und im (nahenden) Winter entstehen. Sie lassen sich bevorzugt vor Sonnenaufgang, kurz nach Sonnenuntergang oder in der Dämmerung (wenn die Sonne ein bis sechs Grad unter dem Horizont steht) beobachten.

Der zweite Typ, die polaren Mesosphärenwolken (Abk. PMC für engl. *polar mesospheric cloud*), auch nachtleuchtende Wolken genannt, zeichnen sich im Sommer lange nach Sonnenuntergang am dunklen Nachthimmel ab. Sie befinden sich bereits in der Mesosphäre in Höhen zwischen 75 und 85 Kilometern (Abb. 37). Sie bestehen aus winzigen (etwa 0,3 μm großen) Eis-

ABB. 37 Polare Mesosphärenwolken oder nachtleuchtende Wolken.

kristallen, die an interplanetaren Staubpartikeln haften, die entstehen, wenn Mikrometeoriten beim Eintritt in die Erdatmosphäre zerfallen. Sie bilden sich nur im Sommer, wenn die Temperatur in der Mesosphäre unter minus 120 Grad liegt.

Vermutlich haben Sie inzwischen genug von der Wolkenklassifikation. Sie ist allerdings unabdingbar für das, was nun folgt, denn erst mit einer Vorstellung von der großen Bandbreite der Wolkenformen in der Atmosphäre können wir uns der faszinierenden Frage zuwenden, wie aus atmosphärischem Wasserdampf Wolken entstehen. Das ist ein erstaunliches und sehr komplexes Gebiet, in dem wir auf Aspekte stoßen werden, die uns nie in den Sinn kämen, würden wir Wolken als ganz selbstverständlich annehmen. Wir werden sehen, dass vieles alles andere als selbstverständlich ist, selbst bei der harmlosesten Schäfchenwolke …

DREI

WIE ENTSTEHEN WOLKEN?

Für den Bau von Wolkenkuckucksheimen gibt es
keine architektonischen Regeln.

Gilbert K. Chesterton, *Der unsterbliche Mensch*, 1925

Ich versuche es zuerst einmal mit einer knappen Antwort auf die in der Kapitelüberschrift gestellte Frage: Wolken bestehen aus Wassertröpfchen und Eiskristallen, die sich durch die Kondensation von Wasserdampf in der Atmosphäre bilden. Das ist zwar richtig, doch wie genau ballen sich diese Tröpfchen und Kristalle zu den Gebilden zusammen, die wir gemeinhin Wolken nennen? Und warum erscheinen sie uns in verschiedenen Situationen immer wieder anders?

Fangen wir an der Erdoberfläche mit einem schönen Sommertag an: Wir rechnen mit Hitze, gleißender Sonne und Blumenduft – doch zugleich geschieht noch etwas. Die Sonne hat die Erde bereits den ganzen Morgen bestrahlt, weswegen sich der Boden unseres Planeten je nach örtlicher Beschaffenheit und Breitengrad ordentlich aufheizt, und das Gleiche passiert auch mit den unteren Schichten der Atmosphäre, die in unmittelbarem Kontakt mit der Erdoberfläche stehen. Ist der Boden feucht genug, und hat er einen Teil der eigenen Feuchtigkeit bereits durch Verdunstung an diese unteren Schichten der

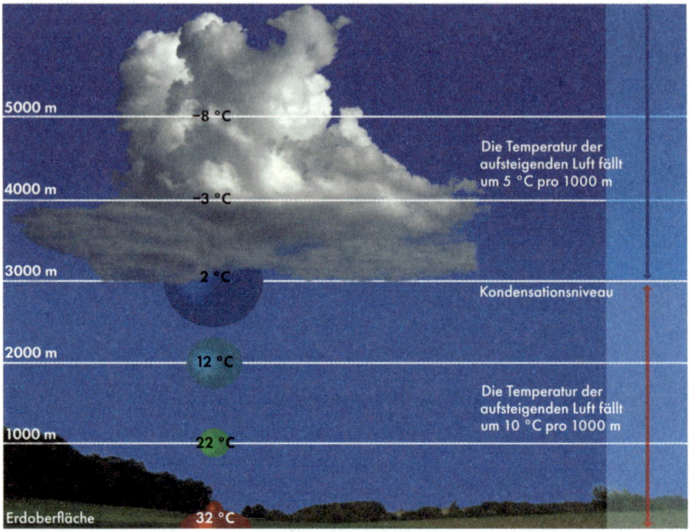

ABB. 38 Aufstieg warmer Luft und Bildung einer *Cumulus*-Wolke.

Atmosphäre abgegeben, steigt die durch die Sonneneinstrahlung erwärmte feuchte Luft durch Konvektion nach oben. Konvektion bedeutet, dass Materie (Dampf) und Energie (in Form von Wärme) nach oben transportiert werden, weil Luftdruck und Erdanziehungskraft mit zunehmender Höhe nachlassen. Wie man Abb. 38 entnehmen kann, steigt die Warmluft in Form von Blasen oder Luftpartikeln auf (Thermik), wobei ihre Temperatur schnell, um etwa 10 Grad pro 1000 Meter, sinkt. Die aufsteigende Thermikblase interagiert wenig bis kaum mit der kälteren und trockeneren Umgebungsluft (man spricht von einem *trocken-adiabatischen* Prozess). Das Luftpaket steigt stetig weiter, dehnt sich dabei aus und kühlt noch mehr ab, bis es das Kondensationsniveau erreicht hat, also die Höhe, in der die Luft mit Wasserdampf gesättigt ist und sich erste Tröpfchen bilden. Ab dieser Höhe wird die Wolke langsam sichtbar, und man kann sie beim Weiterwachsen beobach-

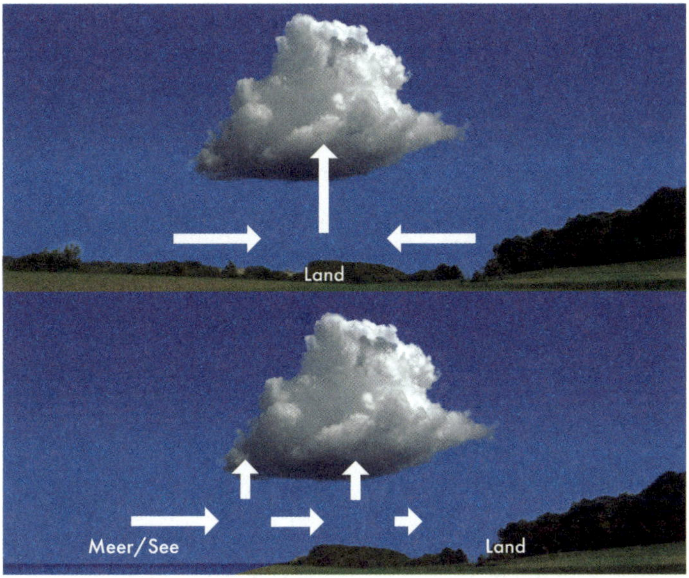

ABB. 39 Bildung einer *Cumulus*-Wolke durch die Konvergenz feuchtwarmer Luftmassen über Land (oben) sowie an der Grenze zwischen Land und Wasser (unten).

ten. Der Mechanismus erklärt auch, warum Wolken dieses Typs alle eine flache Unterseite haben: In dieser Höhe bilden sich die Tröpfchen sofort und alle zur selben Zeit. Danach, in noch größerer Höhe, handelt es sich um einen *feucht-adiabatischen* Prozess, da es bereits zu Kondensation gekommen ist und die Thermik weiter abkühlt, allerdings nur noch halb so schnell wie in den unteren Schichten.

Der Aufstieg von durch die Sonne erwärmter Luft ist nicht die einzige Ursache für die Entstehung von Wolken. Vorausgesetzt, es steigt feuchtwarme Luft auf, können sich Wolken auch aus anderen Gründen bilden. Einer davon ist die Hebung der warmen und feuchten Luft durch Hinzukommen von Luftmassen aus unterschiedlichen Richtungen (Abb. 39). Über

Landflächen strömen die Luftmassen bei ihrem Aufeinandertreffen zusammen und erwärmen sich dabei *(Konvergenz)*; ihr Aufstieg erfolgt wie in Abb. 38 gezeigt. An der Grenze zwischen einer Wassermasse (Meer oder See) und einer Landfläche trifft die aus Richtung Wasser kommende feuchte Luftmasse auf die Küste, wo sie sich durch die Reibung am Boden, der ein echtes Hindernis darstellt, verlangsamt (auf der Abbildung durch die kürzer werdenden Pfeile dargestellt). Auf diese Weise verursacht die Erwärmung den Aufstieg und die Kondensation.

WOLKEN UND FRONTEN

Wolken entstehen auch noch in einem anderen sehr wichtigen Kontext, nämlich beim Aufstieg von Luftmassen über der Fläche von Kaltfronten (Abb. 40) und Warmfronten (Abb. 41). In der Meteorologie wird die Kontaktfläche zwischen zwei Luftmassen, die sich hinsichtlich Temperatur, Druck und Feuchtigkeit unterscheiden, als Front bezeichnet. Fronten sind eine grundlegende Voraussetzung für die Entstehung von außertropischen Zyklonen und darüber hinaus ein wichtiger Wetterfaktor in mittleren und höheren Breiten. Ein Beispiel hierfür sind die im Winter häufig auftretenden großen Wirbelstürme über dem Atlantik, die aufgrund der mit ihnen verbundenen Kaltfronten für alle winterlichen Störungen auf dem europäischen Kontinent verantwortlich sind. Warmfronten bewegen sich langsamer, weil es für warme Luft schwieriger ist, die kältere und dichtere Luft auf der Erdoberfläche »vor sich herzuschieben«. Sehr häufig bilden sich an der Ostseite Tiefdruckgebiete, in denen die wärmere Luft aus dem Süden nach Norden gedrückt wird.

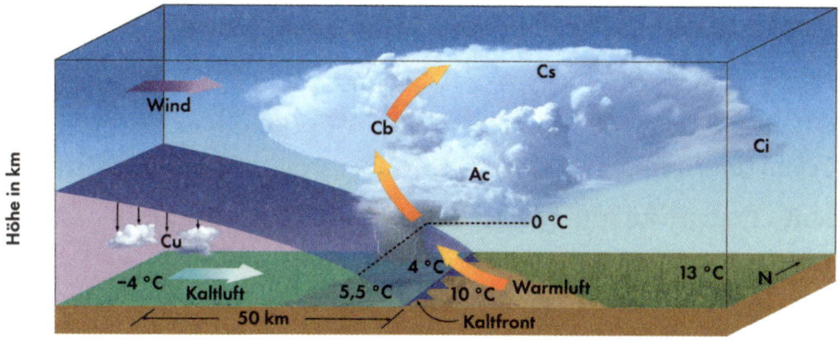

ABB. 40 Kaltfront.

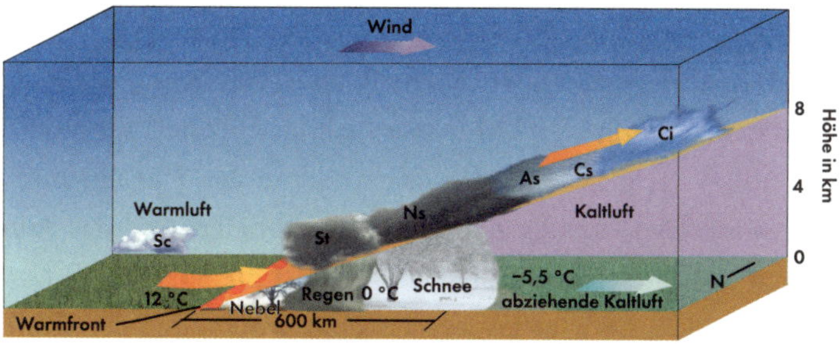

ABB. 41 Warmfront.

Die Fläche einer Front muss man sich wie eine unsichtbare geneigte Ebene vorstellen, über die warme Luftmassen beim Zusammentreffen mit der entgegenkommenden kalten Luft hinweggleiten (im Fall einer Kaltfront) oder sich über eine bereits bestehende Region kalter Luft schieben (im Fall der Warmfront). Wo die Front auf den Boden trifft, wird in Wetterkarten mit einer gebogenen Linie gezeigt, in welche Richtung sie sich bewegt: Die Kaltfront bekommt eine blaue Linie mit Dreiecken, die Warmfront eine rote mit Halbkreisen. Wie man anhand der beiden Abbildungen erkennen kann, bilden sich dabei je nach Höhe unterschiedliche Wolken. So lassen sich viele Wolkenformen erklären, die wir häufig beobachten, ohne ihre Entstehungsbedingungen zu kennen. In Kaltfronten sind vor allem

Cumulus (Cu), *Cumulonimbus* (Cb), *Altocumulus* (Ac), *Cirrostratus* (Cs) sowie *Cirrus* (Ci) vertreten. In Warmfronten dagegen bilden sich *Stratocumulus* (Sc), *Stratus* (St), *Nimbostratus* (Ns), *Altostratus* (As), *Cirrostratus* (Cs) sowie *Cirrus* (Ci), außerdem entsteht knapp vor dem Frontbereich Nebel an der Oberfläche.

WOLKEN, SEEN, MEERE, BERGE

Berge, egal ob isoliert oder innerhalb eines Gebirgszugs, stellen für die Bewegung von Luftmassen ein erhebliches Hindernis dar. Abb. 42 zeigt, wie feuchtwarme Luft an den Hängen eines Berges aufsteigt, der als geneigte Ebene fungiert und das Aufsteigen so unterstützt. Dabei kühlt die Luft ab, der Wasserdampf kondensiert, es bildet sich eine Wolke, aus der dann Niederschlag fällt: in niedriger Höhe Regen und näher am Gipfel Schnee, je nach Jahreszeit und vertikalem Temperaturprofil. Am Kamm von Bergketten können sich *orografische* (das heißt von Geländeerhebungen verursachte) Wolken, beispielsweise *Lenticularis* (siehe vorhergehendes Kapitel), bilden.

Die weiter aufsteigende Luft strömt dann auf die andere Gebirgsseite, wo sie aufgrund ihrer Abkühlung absinkt. Dort trifft sie auf eine trockenere Umgebung und erwärmt sich beim Absinken wieder. Wolken entstehen dabei nicht, weil die Feuchtigkeit dazu nicht ausreicht. Solche Gebiete liegen im sogenannten Regenschatten, in dem es kaum oder gar keine Niederschläge gibt. Ein Beispiel dafür ist das weitläufige Gebiet in Zentralasien, das im Regenschatten des Himalajas liegt und die Existenz der Wüsten Gobi in der Mongolei und Taklamakan in China erklärt (Abb. 43). In Italien sind die Ebenen im Piemont

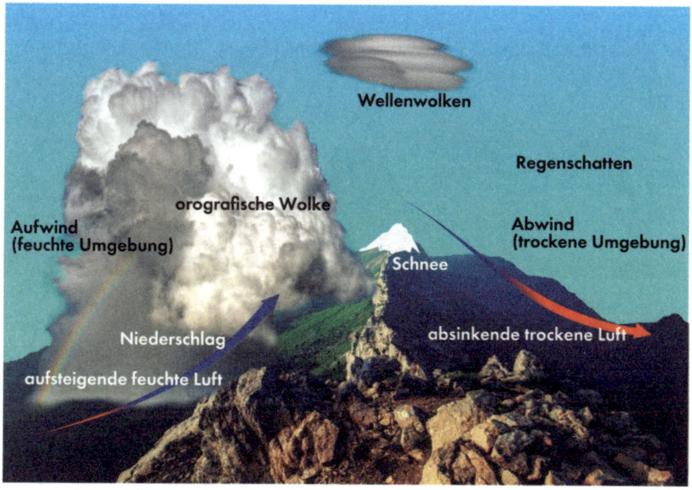

ABB. 42 Einfluss der Orografie (des Geländereliefs) auf Wolkenbildung und Niederschlag.

ABB. 43 Der Regenschatten, den die Bergkette des Himalajas auf bestimmte Regionen Zentralasiens wirft, vom Satelliten aus gesehen (NASA).

durch die Alpenkette von den feuchten Strömungen aus Westen abgeschirmt. Asti erhält nur 527 Millimeter Niederschlag im Jahr und ist damit eine der trockensten italienischen Städte. In Deutschland liegen im Regenschatten des Harzes in Sachsen-

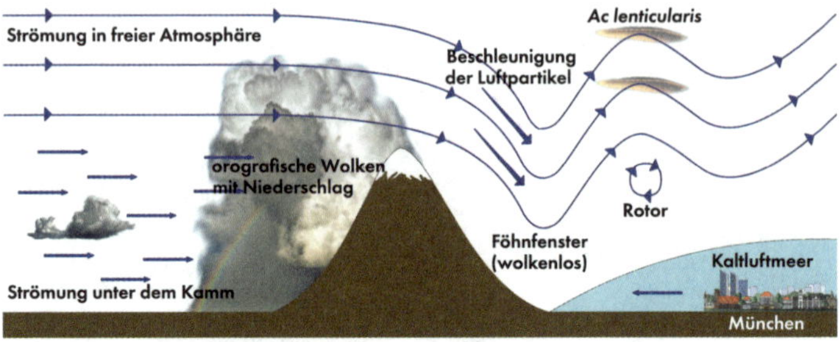

ABB. 44 Entstehung des Föhns über den bayerischen Alpen.

Anhalt besonders trockene Orte (z. B. Bernburg, Köthen, Aschersleben). Auf solchen dem Wind abgewandten Seiten von Gebirgszügen weht die fallende Warmluft oft als heißer und trockener Wind von den Hängen. Hierbei handelt es sich um den berühmten Föhn, den wir auf beiden Seiten der Alpenkette und auch des Apennins zu spüren bekommen (Abb. 44). Er lässt die Temperaturen merklich ansteigen und trocknet die Wäsche auf der Leine im Handumdrehen. In diesen Fällen sind natürlich weit und breit keine Wolken zu sehen.

Darüber hinaus gibt es sehr spezielle Wolkenformationen, die zu ergiebigen Schneefällen führen, wie es im Gebiet der Großen Seen in Nordamerika der Fall ist. Der sogenannte *Lake Effect Snow* (Abb. 45) entsteht in großer atmosphärischer Kälte, wenn eine kalte Luftmasse aus der kanadischen Arktis über die riesigen Flächen der deutlich wärmeren Großen Seen strömt. Die unterste Luftschicht wird vom vergleichsweise warmen Wasser erwärmt und nimmt den durch die Verdunstung des Wassers entstehenden Dampf auf. Diese feuchte und wärmere Luft schiebt sich über die hinzukommende kalte Luft. Es entstehen Eiswolken, während zugleich die Windintensität am gegenüberliegenden Seeufer nachlässt, was zu einem Luftstau führt. Die Folge sind heftige Schneefälle, die zu den heftigsten

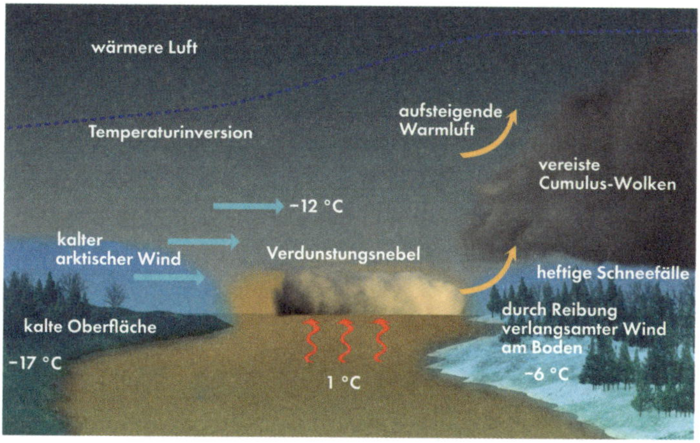

ABB. 45 *Lake Effect Snow.*

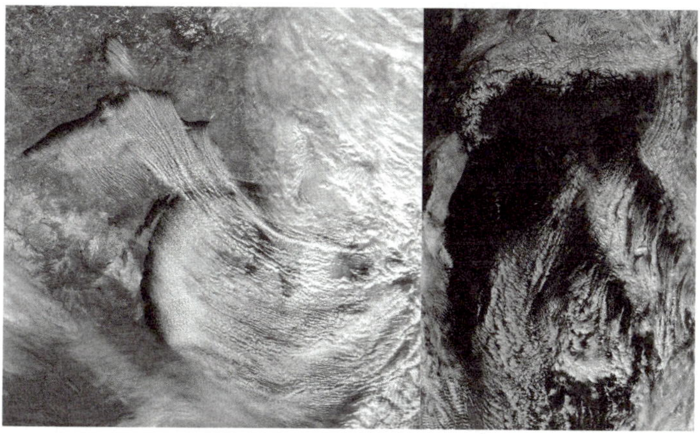

ABB. 46 Links eine Aufnahme des NASA-Satelliten SeaWiFS vom 5. Dezember 2000, die den kalten Wind aus Nordwesten über dem Oberen See und dem Michigansee zeigt. Die parallelen Bänder (Wolkenstraßen) sorgen für heftige Schneefälle auf der Leeseite der Seen. Rechts eine Aufnahme vom NASA-Satelliten Aqua vom 6. Januar 2017, 12.20 Uhr UTC. Hier sind die parallelen Wolkenbänder zu sehen, die sich vor der dalmatischen Küste bilden und sich mit Schneeschauern auf die italienische Adriaküste zubewegen (NASA).

der nordamerikanischen Wintersaison gehören. Ein ähnliches Phänomen gibt es auch in Italien, wo kalte Winde aus der osteuropäischen Ebene über die wärmere Adria strömen und es an der italienischen Adriaküste schneien lassen (in die Annalen eingegangen sind Schneehöhen von drei bis fünf Metern in den Marken im Jahr 2021). Abb. 46 zeigt Satellitenbilder von zwei Beispielen für die Großen Seen und die Adria.

WIE IN FELLINIS *AMARCORD*: NEBEL

Von den (beinahe) arktischen Breiten kehren wir nun zurück in Gegenden, die uns und unserer Wahrnehmung näher sind. Ich bin in der Ebene südlich des Flusses Po geboren, inmitten dichter Nebel, die alle Konturen verschwimmen lassen und die Landschaft verzaubern, und so erinnert mich dieses Wetterphänomen immer an meine Kindheit und an zu Hause. Ich habe Nebel im Buch bisher zwar mehrfach erwähnt, aber nur so nebenbei, ohne genauer darauf einzugehen. Dabei ist auch der Nebel eine Wolke, mit dem entscheidenden Unterschied, dass er Bodenkontakt hat. Aber wie entsteht er? Warum hängt er so tief? Dafür gibt es im Prinzip drei Voraussetzungen (siehe Abb. 47).

Der *Strahlungsnebel* bildet sich nach Sonnenuntergang. Der Boden strahlt Wärme in die Atmosphäre ab, wobei er abkühlt, und absorbiert durch den Kontakt an der Oberfläche Wärme aus der Luft. Die Temperatur der untersten Atmosphärenschichten kühlt bis zum Taupunkt ab, was zur Tröpfchenbildung führt. Strahlungsnebel ist charakteristisch für klare, mehr oder weniger windstille Nächte. In der Po-Ebene erlebt man ihn in Spätherbst- und Winternächten oft bei totaler Wind-

ABB. 47 Nebelbildung: Strahlungsnebel (oben), Advektionsnebel (Mitte), Niederschlagsnebel (unten).

stille und hohem Luftdruck. Tagsüber strahlt die Sonne, und abends ist er da, der Nebel. Es ist der Nebel aus Fellinis Film *Amarcord*, in dem sich der Großvater des Protagonisten nur wenige Meter von seinem Zuhause entfernt verirrt und in einer von Fürsorge getriebenen und zugleich komischen Rettungsaktion wieder aufgefunden wird. Aber so lustig ist das nicht immer. Als ich einmal mit einer Kommilitonin an einem Winterabend aus der Stadt zurückfuhr, gerieten wir in einen Nebel epischen Ausmaßes. Wir befanden uns auf freier Strecke und konnten nicht mal bis zur Motorhaube unseres Autos sehen (es war nur ein Fiat 500!). Was sollten wir bloß tun? Schließlich übernahm meine Begleiterin das Steuer, und ich öffnete die Beifahrertür und achtete darauf, dass die Räder rechts dem Straßengraben nicht zu nahe kamen. Warum heute derart dichter Nebel seltener vorkommt als noch vor vierzig Jahren, ist noch immer nicht umfassend erforscht.

Advektionsnebel entsteht, wenn sich feuchtwarme Luft horizontal über Land oder kaltes Wasser bewegt und dadurch abkühlt. Dies ist häufig über dem Meer der Fall, wenn tropische Luft in höheren Breitengraden auf kühleres Wasser trifft. Ein typischer Fall ist der Nebel, der sich in San Francisco rund um die Golden Gate Bridge bildet (vgl. Abb. 47 Mitte), wo die feuchtwarme Pazifikluft über kühlere Luft aus Nordwesten hinwegströmt. Wenn Meeresluft auf kaltes Wasser und kalte Luft trifft, sind an der Küste eine Abkühlung bis zum Taupunkt und die Bildung dichter Nebelbänke festzustellen. Nicht selten kommt es vor, dass lauwarme Luft über eine tief verschneite Gegend fließt. Der dabei entstehende Nebel löst sich auf, sobald die Sonne morgens die Luft erwärmt.

Niederschlagsnebel entsteht, wenn Regen in die trockene Luft hinter einer Wolke fällt (zum Beispiel vor einer Warmfront, vgl. Abb. 41). Die Tröpfchen verdunsten, der Wasserdampf kühlt ab und erreicht den Taupunkt, an dem es zur Kondensation und Nebelbildung kommt. Sie haben diese Art Nebel garantiert schon einmal gesehen: Wenn Sie im Herbst nach tagelangem Regen einen Waldspaziergang unternehmen, liegen Bäume und Unterholz unter einem feuchten Schleier, der Ihnen die Sicht verstellt – dabei handelt es sich um eine Ausprägung von Niederschlagsnebel.

Es gibt noch weitere Nebeltypen, darunter den Feuchtigkeitsnebel, dem wir beim *Lake Effect Snow* (vgl. Abb. 45) schon begegnet sind. Dabei bewegt sich feuchte und kalte Luft über eine deutlich wärmere Wasseroberfläche, wodurch die Feuchtigkeit verdunstet und sich Nebel bildet. Von unterkühltem Nebel spricht man, wenn die Tröpfchen bei Temperaturen unter null Grad noch flüssig sind (Unterkühlung). Wenn sie mit einer Oberfläche in Kontakt kommen, entstehen Eisablagerungen (Reif) – das ist häufig auf Berggipfeln der Fall, die leichtem Wind ausgesetzt sind. Eisnebel hingegen bildet sich, wenn die schwebenden Tröpfchen bei Temperaturen unter minus dreißig Grad zu winzigen Kristallen gefrieren, was in der Arktis und Antarktis oft geschieht. Ein dem Eisnebel ähnlicher Niederschlag aus Eisnadeln, zu dem es bei gering bewölktem oder wolkenlosem Himmel kommt und der nicht zu eingeschränkter Sicht führt, heißt Diamantenstaub (oder Polarschnee).

Wir halten Nebelbänke gewöhnlich für ein lokales Ereignis und gehen davon aus, dass sie sich schnell auflösen. Doch das trifft nicht immer zu. An bestimmten Wintertagen kann sich bei relativ hohem Luftdruck, Windstille und niedrigen Temperaturen eine Nebelschicht auf die Po-Ebene senken, die sich tagelang hält (Abb. 48). Für diese Haltbarkeit gibt es zwei Gründe: Einerseits emittiert die in der Region versammelte In-

ABB. 48 Die Po-Ebene am 13. Dezember 2016 auf einer MODIS-Aufnahme von Bord eines NASA-Satelliten aus. Es dominieren Hochdruck mit sonnigem Wetter im Apennin und Nebel in den Niederungen (NASA).

dustrie kontinuierlich große Mengen an Partikeln in die bodennahen Schichten der Atmosphäre, die die Bildung kleinster Tröpfchen im Nebel erst möglich machen. Andererseits ist die Po-Ebene ein riesiges, rundum von Bergen (den Alpen und dem Apennin) umschlossenes Becken, in dem sich die Luft häufig staut, wodurch Kaltfronten und damit zusammenhängende Störungen abgehalten werden. Die Luftqualität leidet darunter gewaltig, die Schadstoffbelastung überschreitet in der gesamten Region die gesetzlichen Grenzwerte, und der Nebel will rund um die Uhr nicht weichen.

IHRE MAJESTÄT, DIE KÖNIGIN DER GEWITTER

Wir kommen auf unserer Entdeckungsreise nun zur Entstehung von Gewitterwolken: mit ihrer hochaufragenden Gestalt, ihrem majestätischen Aussehen und ihren Auswirkungen sind sie die wahren Königinnen des Himmels. Wie bildet sich eine solche Wolke und worin unterscheidet sie sich von *Cumulus*-Wolken, die nicht zu Gewittern führen? Antworten auf einer soliden physikalischen Basis lieferte zwischen 1946 und 1948 erstmals das Thunderstorm Project, eines der ersten groß angelegten Forschungsprojekte in moderner Zeit, das Auskunft über die Struktur der Wolken geben sollte. Beteiligt waren Horace R. Byers und Roscoe R. Braham, Jr., die als Erste die physikalischen Mechanismen in einer einzelnen Gewitterwolke beschrieben und sie aufgrund ihres Aussehens als »Zelle« bezeichneten (weil sie zellulär oder einfacher gesagt rundlich aussehen). Die Entstehung, Entwicklung und Auflösung eines *Einzelzellen-* oder *Luftmassengewitters* erfolgt in drei Schritten oder Stadien (Abb. 49): Wachstumsstadium, Reifestadium und Zerfallsstadium. Das erste Stadium unterscheidet sich nicht von einer ganz normalen *Cumulus*-Wolke. Allerdings ist mehr Energie im Spiel, die Wolke entwickelt sich aufgrund starker Aufwinde in die Vertikale, was zur Bildung großer Mengen flüssiger und fester Hydrometeore (Tropfen und Eiskristalle) führt, Graupeln und Hagel eingeschlossen, die das Reifestadium kennzeichnen. An diesem Punkt beginnt die Abwärtsbewegung kalter Luft (Abwind) aus den obersten Bereichen des Gewitters, verbunden mit starkem Niederschlag, meist in Form von Platzregen. Nach und nach erreicht die nach unten strömende kalte Luft den Boden, breitet sich in alle Richtungen aus und unterbindet so das Aufwärtsströmen warmer Luft, die das Gewitter speist. Weil der Zelle der »Brennstoff« fehlt, geht sie ins Zerfallsstadium über, der Regen lässt nach, die Zelle löst sich auf.

So eine Einzelzelle ist zwar ein wichtiger Baustein bei der Entwicklung von Gewittern, tritt aber in der Regel nicht iso-

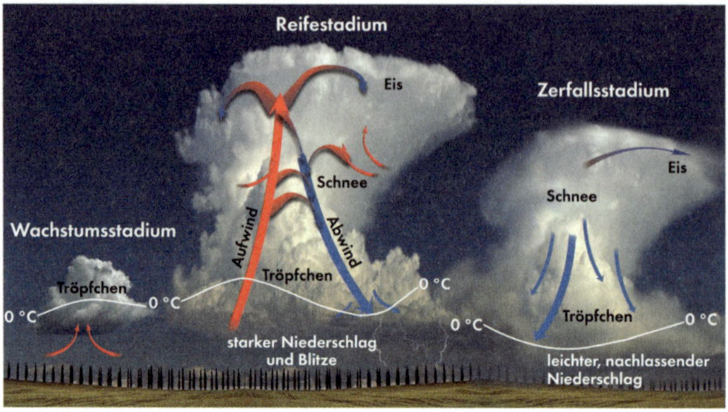

ABB. 49 Die drei Stadien einer Gewitterzelle: vom Wachstumsstadium (links) über das Reifestadium (Mitte), in dem es zum stärksten Niederschlag kommt, bis zum Zerfallsstadium (rechts), in dem der Regen nachlässt und die Wolke sich auflöst.

liert auf. Ein Gewitter kommt selten allein, könnte man sagen. Es besteht meist aus Gruppen mehrerer Zellen, die je nach aktuellen Bedingungen mehr oder weniger organisiert sind. Ein Gewitter aus mehreren Zellen, die sich gegenseitig in ihrer Entwicklung beeinflussen, wird Multizellengewitter genannt (Abb. 50). Was wir vom Boden aus sehen, sind unterschiedlich hohe Wolkentürme, die ein deutlicher Hinweis auf das Entwicklungsstadium der darunterliegenden Zelle sind. Die in Abb. 49 dargestellten unterschiedlichen Stadien sind in den benachbarten Zellen gleichzeitig präsent. Immer neue Zellen ersetzen die alten in einer kontinuierlichen Entwicklung, bis keine neue warme und feuchte Luft mehr zugeführt wird und der Mechanismus zum Stillstand kommt. Multizellen sind Gewitter großen Ausmaßes, die sich über Hunderte von Kilometern erstrecken und die Tropopause erreichen können. Dabei kommt es zu starkem Niederschlag, häufig mit Hagelbildung.

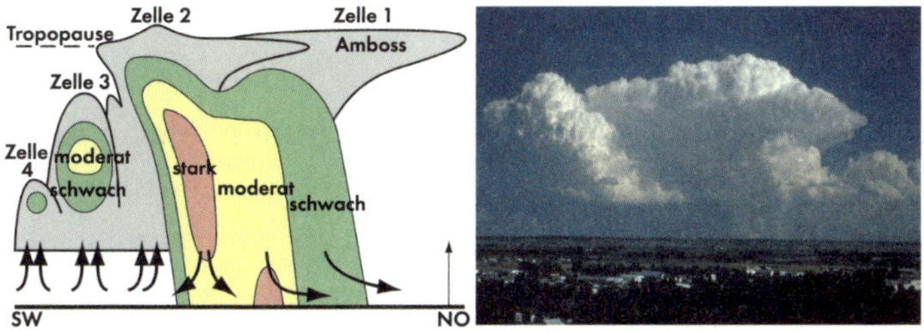

ABB. 50 Schematische Darstellung eines Multizellengewitters (links). Das Vorhandensein der einzelnen Zellen ist am Radarecho zu erkennen, das je nach Entwicklung der Hydrometeore unterschiedlich stark reflektiert wird. Rechts das Foto eines typischen Multizellengewitters mit großer Ausdehnung.

Als wahren König aller Gewitter würde ich jedoch das Superzellengewitter bezeichnen (Abb. 51), das sowohl hinsichtlich seiner Struktur als auch der gewaltigen Auswirkungen am Boden einzigartig ist. Die Zutaten für die Bildung solch heftiger Gewitter lassen sich folgendermaßen zusammenfassen:

- starke aufwärts gerichtete Strömungen feuchter Luft (wie bei anderen Gewittern)
- Winde, die mit zunehmender Höhe die Richtung wechseln und stärker werden (von etwa 40 Stundenkilometern am Boden bis zu 190 Stundenkilometern und schneller in 6000 Meter Höhe)
- Stauung starker Hitze und Feuchtigkeit in Bodennähe in den Tagen vor dem Ausbruch des Gewitters
- aus anderen Zonen hinzuströmende kalte Luft, die zur Freisetzung der Energie führt, die sich in den Tagen zuvor angesammelt hat.

Man kann sich leicht vorstellen, dass es so zu einem Gewitter extremer Stärke und gewaltigen Ausmaßes mit katastrophalen Wettererscheinungen kommt. Zwei Eigenschaften machen es besonders gefährlich: erstens die mit zunehmender Höhe rotierenden Winde, die eine sogenannte Mesozyklone bilden, die nichts anderes ist als eine mit dem Gewitter verbundene Zone niedrigen Luftdrucks, die das Zentrum des Gewitters bildet; zweitens die Schräglage des Aufwinds, der mit zunehmender Höhe stark geneigt ist. Die rotierende Mesozyklone führt in Superzellen sehr häufig zur Entstehung eines Tornados. Da die Luft außerdem nicht senkrecht, sondern schräg nach oben steigt, trifft die mit dem Abwind fallende Luft anderswo auf den Boden als da, wo die Warmluft aufsteigt. So wird die warme Luftsäule, die das Gewitter speist, nicht wie bei »normalen« Gewittern abgeschnitten. Der Aufwind pumpt weiter warme Luft ins System, weswegen ein Superzellengewitter deutlich länger dauert als das Einzelzellengewitter. Das erklärt die Gefährlichkeit dieser Gewitter, die auch in Gruppen auftreten und sich über Hunderte von Kilometern erstrecken können. Außerdem sind die unterschiedlichen Gewitterwolken, die wir im zweiten Kapitel kennengelernt haben, alle präsent, sodass eine Superzelle geradezu als Enzyklopädie sämtlicher Gewitterphänomene herhalten kann.

Superzellen im Frühjahr und Sommer sind eine typische Eigenheit der Great Plains in Nordamerika, von den Rocky Mountains bis zur Atlantikküste. Das liegt an der feuchtwarmen Luft, die aus Süden vom Golf von Mexiko kommend über der Ebene kanalisiert wird und auf eine Inversionsschicht in der Höhe stößt. So bleibt sie tagelang in den niederen Schichten der Atmosphäre gefangen. Sobald aufgrund der Schwerkraft kältere Luft aus Osten von der Kette der Rocky Mountains herunter in die Ebenen strömt, wird das Gleich-

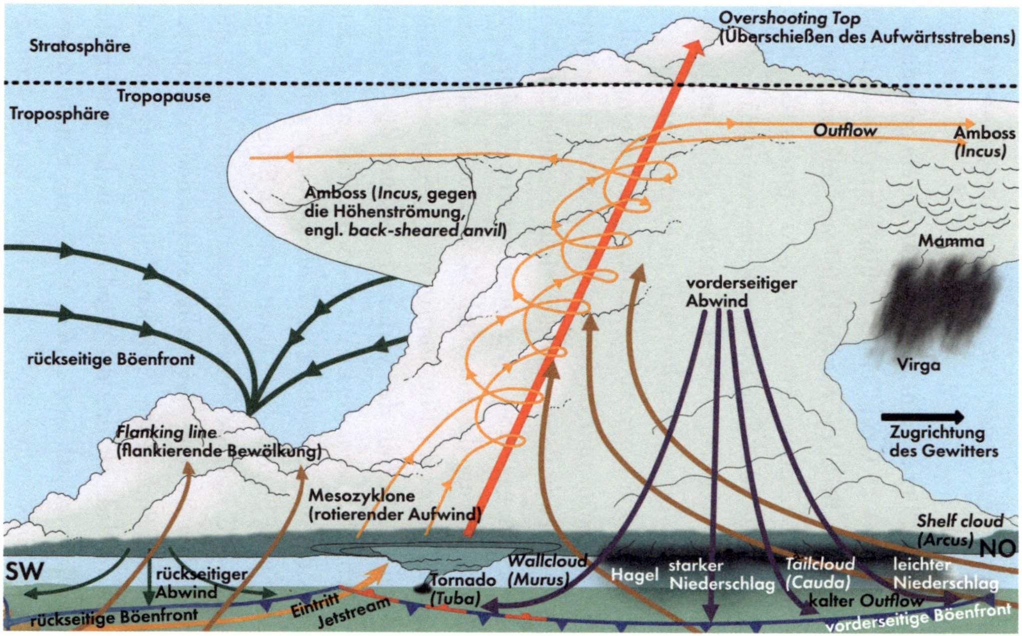

ABB. 51 Schematische Darstellung eines Superzellengewitters. Auffällig sind die enorme dynamische Komplexität des Systems, die Schräglage des Aufwinds und die Verteilung der Niederschläge. Der Abschnitt verläuft von Südwest links nach Nordost rechts.

gewicht gestört, die Inversion eliminiert, und damit ist die gespeicherte Energie frei, um sich in verheerenden Superzellengewittern zu entladen. Sehen wir uns ausgehend von einer Reportage der *Washington Post* so ein »Himmelsmonster« einmal genauer an.

Der 3. Mai 1999 beginnt in Oklahoma wie ein ganz normaler Tag mit etwa 15 Grad Celsius, tiefhängenden Wolken und einer ständigen Brise, die feuchte Luft vom Golf von Mexiko mitbringt. Der Kontrast zum Abend wird immens sein, nachdem in den folgenden Stunden eine Reihe von Tornados über die Gegend hinwegziehen, die 36 Menschen das Leben kosten. Auf die Wettervorhersage achtet man in einem Landstrich, in dem eine korrekte Prognose über Leben und Tod entscheidet, immer sehr genau, und die hat am frühen Morgen eine von Westen kommende Front in großer Höhe angekündigt – ein Faktor, der für gewöhnlich auf zerstörerische Gewitter am Nachmittag entlang der Interstate 35 hindeutet. Das Storm Prediction Center (SPC) in Norman hat ein »geringes Risiko« angegeben. Im Verlauf des Vormittags beginnt die Wolkenschicht sich aufzulösen, worauf das Sonnenlicht bis zum Boden vordringt. Die daraus resultierende Lufterwärmung sorgt dafür, dass die Luft in Bodennähe in einer instabilen Säule nach oben steigt. Das SPC stuft die Gefahr nun auf »moderat« hoch, mit der möglichen Bildung vereinzelter starker oder sehr starker tornadoartiger Superzellen. Zu jenem Zeitpunkt verschärft sich die Situation dadurch, dass der Wind mit zunehmender Höhe die Richtung wechselt und stärker wird – per se nicht dramatisch, doch ein Gewitter großer Dimension, das auf derartige Windbedingungen trifft, macht die Sache komplizierter: Es rotiert strudelförmig um die eigene Achse. Für den Norden von Texas, das Zentrum von Oklahoma und den mittleren Süden

ABB. 52 Superzellengewitter, gesehen vom Boden (links), vom Flugzeug (Mitte) und von der ISS (rechts) aus. Man beachte den ausgedehnten Amboss *(Incus)*, der sich horizontal in der Höhe der Tropopause entwickelt und das Gewitter daran hindert, weiter nach oben in die Stratosphäre zu wachsen. Nur der Kuppel *(overshooting top)* des Aufwinds gelingt es, die Tropopause zu durchstoßen und sich ein kurzes Stück in der Stratosphäre zu entwickeln, bis die trockene Luft ein weiteres Wachsen der Wolke verhindert.

von Kansas wird die Warnstufe auf »hoch« gesetzt. Um 16 Uhr Ortszeit bohren sich die ersten *Cumulus*-Wolken durch die Inversionsglocke, die sie den Tag über in Schach gehalten hat. Von da an geht alles ganz schnell. Der erste Tornado ist für 16.47 Uhr vorhergesagt und um 16.51 Uhr zu beobachten. Zu dem Zeitpunkt ist klar, dass man es mit einem ungewöhnlichen Wetterereignis zu tun hat, bei dem eine Reihe von Superzellen über die Metropolregion Oklahoma City, Hauptstadt des Bundesstaats, hinwegfegen. Die riesige rotierende Luftmasse erzeugt fünf weitere Tornados. Aus der Mesozyklone entsteht der zu trauriger Berühmtheit gelangte Tornado Nummer sieben, der die Stadt Moore vor Sonnenuntergang trifft. Er hat den Boden in Amber, etwa 32 Kilometer von Moore entfernt, erreicht und seinen Lauf dann entlang der Interstate 44 mit einem klaren Ziel fortgesetzt: die dicht besiedelte Gemeinde im Speckgürtel von Oklahoma City. Nach dem, was sich zwischen 19.15 und 20.15 Uhr in Moore ereignet, ist nichts mehr wie vorher. Der Radar misst im Inneren des Tornados die bis dahin weltweit höchste Windgeschwindigkeit von 484 Kilometern pro Stunde. Fernsehkameras fangen die schrecklichen Bilder von durch die Luft wirbelnden Häusern, der verdunkelten Sonne und verfrühten Dunkelheit ein. Infolge des Extremwetters sterben 36 Menschen. Man registriert siebzig Tornados, darunter einen mit einem Durchmesser von gut 6,4 Kilometern.

Seit dem 3. Mai 1999 geht man viel bewusster mit den von Tornados ausgehenden Gefahren um, und dennoch wurde Moore vierzehn Jahre später von einem weiteren Monstertornado getroffen, der Schäden von einer Milliarde Dollar verursachte. Die Gemeinde mit dem unschönen Beinamen »US-Tornado-Hauptstadt« ist während der Tornadosaison einer der gefährlichsten Orte der Welt. Doch im Mai halten die Menschen in ganz Oklahoma bei der ersten ungünstigen Wetterprognose den Atem an.

Moore ist natürlich nicht der einzige Ort, der immer wieder von extremen Superzellen und Tornados heimgesucht wird. Das riesige Gebiet, das Oklahoma, Kansas, Arkansas, Missouri und Iowa, Teile des nördlichen Texas, das östliche Colorado, den Norden Louisianas, das Zentrum und den Süden Minnesotas sowie South Dakota umfasst, wird wegen des besonders häufigen Auftretens von solchen Extremwetterereignissen als *Tornado Alley* (Tornado-Gasse) bezeichnet, noch passender allerdings wäre Tornado-Autobahn. Auch Europa ist gegen Tornados nicht so immun, wie man vielleicht denken könnte. Relativ häufig treten sie in den Ebenen Ostmitteleuropas auf. Und in Italien fehlen zwar der Golf von Mexiko und die Rocky Mountains, doch auch dort kommt es gelegentlich zu vergleichbaren Phänomenen, vor allem in der Po-Ebene, im Friaul und hin und wieder auch in Apulien. Italien hat das Mittelmeer und ebenfalls Gebirgszüge (Alpen und Apennin), die Zutaten sind also vorhanden. Wenn man dann noch an die zerklüfteten Küsten und die bis an sie heranreichenden Berge denkt, kann man sich erklären, warum Tornados auch am Stiefel auftreten. Vor einigen Jahren habe ich am frühen Morgen an der apulischen Küste bei Castro Marino mit Blick hinüber nach Albanien eine nicht enden wollende Folge von Wasserhosen auftauchen, sich auflösen und neu formieren sehen, ein unvergesslicher Anblick! (Drei spektakuläre Beispiele für Superzellengewitter vom Boden, vom Flugzeug und vom Weltraum aus gesehen sind in Abb. 52 zusammengestellt.)

DIE RICHTIG GROSSEN GEWITTER

Wie man sieht, kommen Gewitter selten allein, und nun möchte ich zeigen, dass es noch andere Gewittertypen gibt, die ebenfalls organisiert und noch viel größer sind als die bisher vorgestellten. Solche werden als mesoskaliges konvektives System (engl. *mesoscale convective system*, MCS) bezeichnet. Ein MCS ist ein sehr großer Komplex zusammenhängender Gewitter, die für gewöhnlich über Stunden oder sogar Tage fortbestehen. Die Gewitter können sich kreisförmig oder linienförmig über mindestens 100 Kilometer hinweg zusammenschließen und andere meteorologische Systeme enthalten, z. B. außertropische Wirbelstürme, Böenfronten, *Lake Effect Snow* und polare Tiefdruckgebiete. Normalerweise entstehen sie in der Nähe der Fronten in mittleren Breiten, betreffen vor allem Nordamerika, Asien

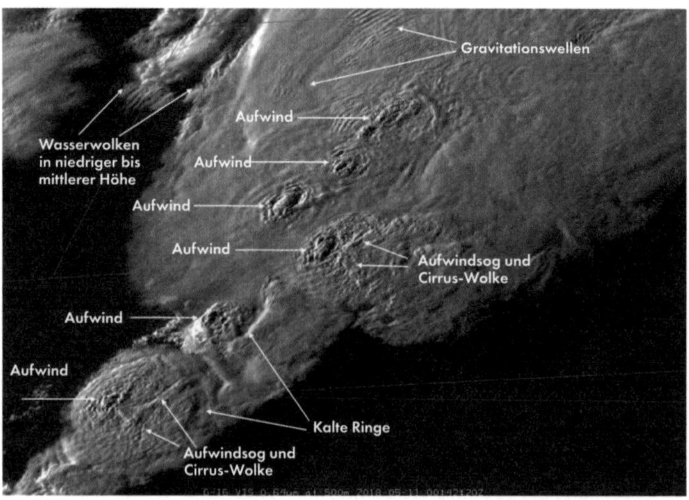

ABB. 53 Ein mesoskaliges konvektives System über Nebraska, aufgenommen vom Satelliten Goes-16 am 11. Mai 2018 um 0.42 Uhr UTC (NASA).

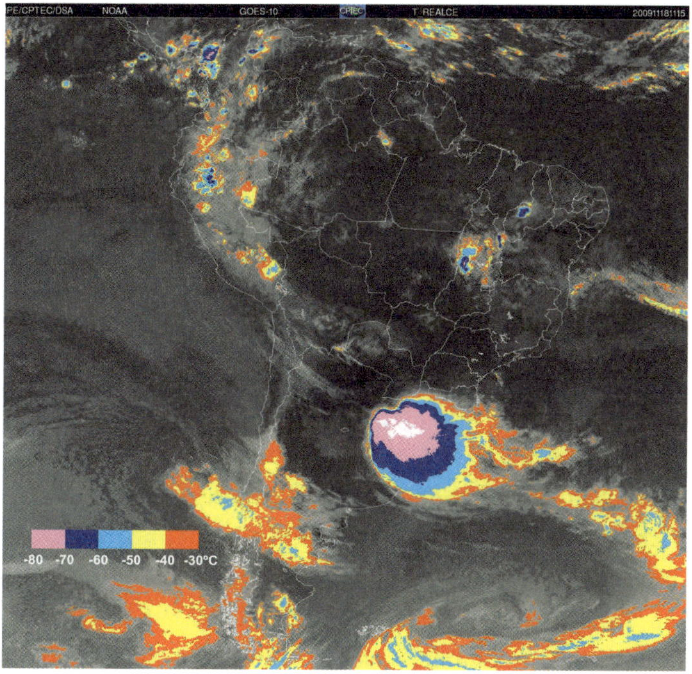

ABB. 54 Ein mesoskaliger konvektiver Komplex (MCC) über dem Nordosten Argentiniens, Urugays und dem Südosten Brasiliens auf einem Infrarotbild des geostationären Satelliten Goes-10 vom 9. November 2008 um 6.00 Uhr UTC (NOAA und INPE).

und Europa und erreichen ihr Aktivitätsmaximum am Spätnachmittag und Abend. In Nordamerika sind sie für 30 bis 70 Prozent der jährlichen Niederschläge in den Great Plains und im Mittleren Westen verantwortlich (Abb. 53). In Europa ist ihre Entstehung eng an das Vorhandensein von Gebirgszügen geknüpft, einige MCS bilden sich auch über dem westlichen Mittelmeer, und ihre Ausdehnung beträgt durchschnittlich 9000 Quadratkilometer.

Eine besondere Form des MCS wird als *mesoskaliger konvektiver Komplex* (engl. *mesoscale convective complex*, MCC) bezeichnet, mit Temperaturen unter minus 32 Grad (zum Teil sogar unter minus 52 Grad) mit Ausdehnungen an der Wolkenoberfläche von 50 000 bis 100 000 Quadratkilometern über mehr als sechs Stunden. Die Gewittersysteme, aus denen MCCs bestehen, sind üblicherweise voneinander isoliert, bilden allerdings einen stattlichen Wolkenkomplex, umgeben von einem riesigen Kaltluftgebiet und einem gemeinsamen Amboss an der Oberfläche. Sie entwickeln sich in vier deutlich voneinander abzugrenzenden Phasen: Beginn, Entwicklung, Reifestadium, Auflösung. Sie treten im Allgemeinen bei erhöhter atmosphärischer Instabilität über einem großen Gebiet auf, mit Jetstream in niedriger Höhe, dem Einfluss warmer Luft mit schwachen Winden und Luftmassenkonvergenz an der Oberfläche und Divergenz in der Höhe sowie Jetstream an der Oberfläche und zyklonaler Rotation in mittlerer Höhe. Der aus diesen Zutaten entstehende Gewitterkomplex ist ein wahres Monster, das schlimme Schäden verursachen kann. Abb. 54 zeigt das Satellitenbild eines Beispiels in einer besonders häufig betroffenen Gegend, nämlich Argentinien.

SCHON MAL VERSUCHT, EINEM TROPISCHEN WIRBELSTURM STANDZUHALTEN?

Auf der imaginären Skala der Intensität atmosphärischer Phänomene sind wir noch nicht ganz oben angekommen – den letzten Schritt machen wir jetzt. Dazu müssen wir uns in die Tropen begeben, wo noch mehr Energie im Spiel und die Luftfeuchtigkeit noch viel höher ist – sicher haben Sie alle schon einmal von der zerstörerischen Kraft von Orkanen gehört. In der tropischen Zone entstehen in der Tat *tropische Zyklone*, die sich zu Orkanen entwickeln können. Eigentlich bezeichnet man mit dem Begriff »Orkan« die Stürme über dem Atlantik, aber er wird auch synonym für Taifune über dem Pazifik und Zyklone über dem Indischen Ozean gebraucht – meteorologisch gesehen handelt es sich um ein und dasselbe Phänomen.

Viele denken, Orkane und Tornados seien das Gleiche, doch die wiederum unterscheiden sich. Tornados sind die örtlich begrenzten Produkte einer Gewitter-Superzelle und daher auch in ihrer Dimension relativ begrenzt (der bereits beschriebene verheerende Tornado in Moore, Oklahoma, hatte einen Durchmesser von 6,4 Kilometern, was bereits als Rekord gilt). Tropische Zyklone rotieren spiralförmig nach innen und haben einen Durchmesser von durchschnittlich 550 Kilometern und im Zentrum ein Auge (der wolkenfreie Bereich) mit einem Durchmesser von 20 bis 50 Kilometern. Abb. 55 zeigt den Schnitt durch das Auge eines Orkans. Orkane entstehen bei der Hitzefreisetzung infolge der Kondensation von Wasserdampf über den Meeren. Hauptbedingung dafür ist eine Meerestemperatur über 26 Grad in der Wassersäule bis zu einer Tiefe von etwa 200 Metern. Das betrifft präzise abgrenzbare Meeresgebiete nur zu bestimmten Jahreszeiten. Voraussetzung ist außerdem eine Temperaturinversion in der Höhe, wenn subtropische Hochdrucksysteme eine Bewegung der hohen Luftmassen nach unten einleiten. Darüber hinaus dürfen auch keine besonders starken Winde wehen, die die Symmetrie des entstehenden Orkans zerstören könnten. Über dem Atlantik trifft das auf das Meer rund um die Azoren vor der Westküste Afrikas zu, wo sich die Orkane in Richtung des amerikanischen Kontinents bewegen. Sie werden getrieben von genau den Passatwinden, die bereits die Segelschiffe von Christoph Kolumbus auf seiner Reise nach dem vermeintlichen Indien voranbrachten. Die Pas-

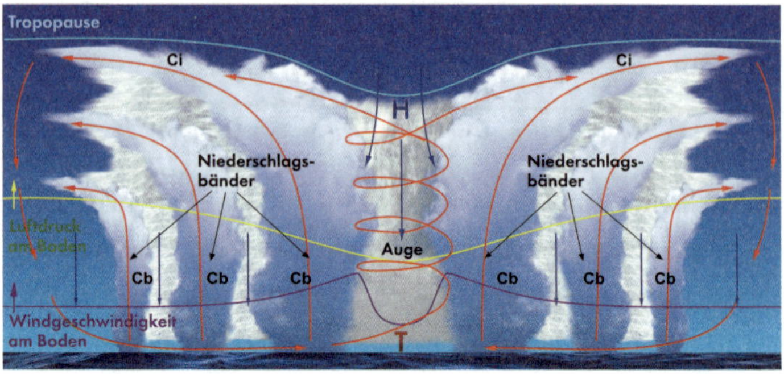

ABB. 55 Querschnitt durch das zentrale Auge eines Orkans. Man beachte die Niederschlagsbänder, die mit den Armen der Spirale korrespondieren. Die Buchstaben H und T bezeichnen Hoch- und Tiefdruck. Die roten Pfeile zeigen die Bewegung der feuchtwarmen Luftmassen im Inneren, die blauen Pfeile das Absinken der trockeneren und kälteren Luft (Subsidenz). Die gelben und violetten Linien stehen für den Anstieg des Luftdrucks und der Windgeschwindigkeit von außen nach innen; die Richtung des Anstiegs dieser beiden Größen kennzeichnen zwei vertikale Pfeile in gleicher Farbe. Die hellblaue Linie zeigt die Höhe der Tropopause an. Die hauptsächlich vertretenen Wolken sind *Cumulonimbus* (Cb) in den Niederschlagsbändern sowie *Cirrus* (Ci) im Wolkenschild in der Höhe.

satwinde bewegen also nicht nur die Segelregatten auf dem Atlantik, sondern ebenso jene Himmelsmonster, die auf ihrem Weg nach Amerika immer heftiger werden und zuerst die karibischen Inseln, dann Mittel- und Nordamerika bedrohen.

Woher weiß man, ob ein Tropensturm gefährlich wird oder nicht? Auf welcher Grundlage gibt die Meteorologie Unwetterwarnungen heraus? Bis vor einiger Zeit war die Bevölkerung der amerikanischen Westküste den herannahenden Orkanen praktisch wehrlos ausgeliefert, da man weder deren Stärke noch Zugrichtung bestimmen konnte. Man muss wissen, dass sich Orkane im Laufe ihres Lebenszyklus nicht immer ins nächste Stadium weiterentwickeln – das hängt von den Bedingungen über dem tropischen Meer ab. Zu Beginn identifizieren die

Wetterbehörden sie als tropische Störungen. Damit sich aus ihnen Orkane entwickeln, müssen diese Systeme eine nennenswerte zyklonale Rotation entwickeln (gegen den Uhrzeigersinn auf der Nordhalbkugel, mit dem Uhrzeigersinn auf der Südhalbkugel), die Voraussetzung für die Bildung einer Gewittergruppe ist. Bei größerer Hitze und mehr Feuchtigkeit erhöht sich die Kraft der tropischen Störung. Zahl und Intensität der Gewitter nehmen zu, und sie organisieren sich in spiralförmigen Bändern, die zyklonal zum Zentrum des Systems hin rotieren. Wenn die Windgeschwindigkeit rund um die tropische Störung auf 37 bis 63 Stundenkilometer ansteigt, wird der Sturm zur *tropischen Depression* hochgestuft, die mit Windgeschwindigkeiten zwischen 64 und 118 Kilometern pro Stunde zum *tropischen Sturm* werden kann. Bei Windgeschwindigkeiten über 118 Stundenkilometern handelt es sich um einen Orkan – dann wird es wirklich problematisch.

Natürlich gibt es auch zwischen Orkanen noch Unterschiede, weswegen die Amerikaner Herbert S. Saffir und Robert H. Simpson 1969 eine Klassifikation entwickelt haben. Abb. 56 zeigt die Saffir-Simpson-Hurrikan-Windskala mit ihren fünf Kategorien der Windgeschwindigkeit und die Verlaufsbahnen von tropischen Zyklonen zwischen 1985 und 2005. Deutlich erkennbar sind die betroffenen Gebiete nördlich und südlich des Äquators und die Ausdehnung der Bahnen bis in mittlere und hohe Breiten.

Nur auf den ersten Blick wirkt es verspielt, dass die mit der ständigen Überwachung beauftragten Behörden (von denen die bekannteste das National Hurricane Center (NHC) in Miami ist) diesen Phänomenen Vornamen geben, sobald sie das Level des tropischen Sturms erreichen. Bis vor Kurzem wählten die Meteorologen (sehr lange ein reiner Männerzirkel) hierfür aus-

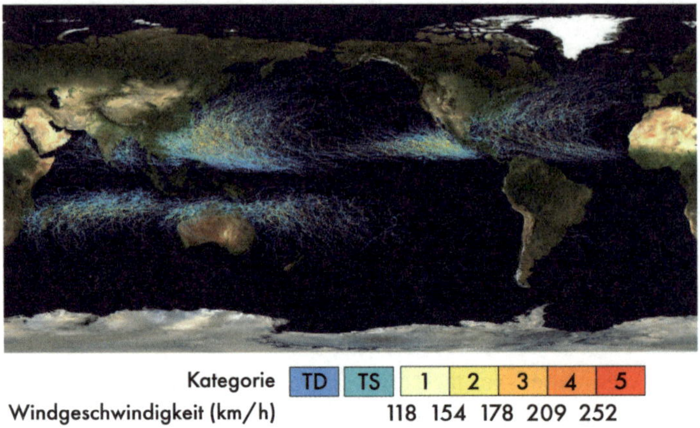

ABB. 56 Die Verlaufsbahnen von Orkanen, Taifunen und Zyklonen von 1985 bis 2005. TD und TS stehen für tropische Depression und tropischer Sturm. Die Farbskala unten gibt die Kategorien der Saffir-Simpson-Skala wieder, die den Grenzen der Windgeschwindigkeit entsprechen (NASA).

schließlich Frauennamen. Diese offensichtlich patriarchale Gepflogenheit wurde inzwischen geändert, die Stürme bekommen nun sowohl männliche als auch weibliche Namen, weswegen wir Orkane namens Irma ebenso haben wie solche namens Alberto. Das Motiv für die Benennung, die immer vorab gemäß einer internationalen Praxis geschieht, ist allerdings ein ernstes: Sobald das Wetterphänomen getauft ist, wird es auf sämtlichen meteorologischen Karten weltweit unter diesem Namen geführt, sodass alle es zweifelsfrei zuordnen und verfolgen können. Man verliert es somit nie mehr aus den Augen.

Die Saison der Orkane dauert von Juni bis September, die der Taifune von Juni bis August, doch auch zu anderen Zeiten kann es aufgrund der übermäßigen Erwärmung der Meere zu Wirbelstürmen kommen. Zwei besonders aussagekräftige Beispiele sind in den Abb. 57 und 58 zu sehen: Orkan Dorian vom

ABB. 57 Orkan Dorian am 3. September 2019 von einem NASA-Satelliten aus gesehen, auf dem Weg in den US-amerikanischen Südwesten, nachdem er bereits auf den Bahamas sein Zerstörungswerk vollbracht hat (NASA).

September 2019, der die Bahamas praktisch dem Erdboden gleichmachte, und Taifun Hagibis vom Oktober 2019, der in Japan zahlreiche Tote und immensen Sachschaden hinterließ.

Was passiert in so einem Sturm mit Menschen und Dingen? Man muss sich die Verheerungen als ein Vielfaches dessen vorstellen, was einer Stadt durch einen Tornado widerfährt. Doch auch wenn es wenig bringt, das Ausmaß der unterschiedlichen Unwetter gegeneinander aufzuwiegen, sollte man wissen, dass ein Orkan katastrophale Auswirkungen hat: Starkregen und Hagel, extreme Winde mit Geschwindigkeiten über 100 Stundenkilometern, Gegenstände, die durch die Luft gewirbelt werden und Menschen und ihrem Eigentum großen Schaden zufügen. Und das ist noch nicht alles: Der Druck, den ein Orkan auf die Meeresoberfläche ausübt, löst ein weiteres zerstörerisches Ereignis aus, ein Seebeben, bekannter unter dem Begriff *Tsunami* (japanisch für »Hafenwelle«). Es handelt sich um eine ungewöhnliche Wellenbewegung des Meeres, in der Regel hervorgerufen durch ein Beben unter dem Meeresboden oder in Küstennähe. Die durch ein Seebeben ausgelöste Welle ist auf dem offenen Meer schwach und kaum sichtbar. Sie entfaltet ihre zerstörerische Kraft erst in Küstennähe, wenn sie sich aufgrund der geringen Wassertiefe erhebt und über das Binnenland ergießt. Die Intensität eines Seebebens hängt allerdings von der Wassermenge ab, die im Augenblick des Bebens selbst bewegt wird. Orkane sind unter bestimmten Bedingungen imstande, so große Wassermassen in Bewegung zu versetzen, dass sie ganze Städte zerstören, wenn sie die Küste überschwemmen.

Alle erinnern sich an den Hurrikan Katrina im Jahr 2005, der sowohl hinsichtlich der verursachten Schäden als auch der Zahl der Toten zu den fünf heftigsten Orkanen gehört, die die USA je heimgesucht haben. Katrina entstand am 23. August als tropische Depression und entwickelte sich am Morgen des 24. August sehr rasch zu einem tropischen Sturm, der sich mit seinem Eintritt in den Golf von Mexiko abermals verstärkte. Am 27. August erreichte er Kategorie 3 der Saffir-Simpson-Skala und wurde damit bereits zum dritten größeren Orkan der Saison. Durch eine sogenannte zyklische Eyewall-Neubildung wurde der Hurrikan vorübergehend abgeschwächt, verdoppelte aber zugleich seine Ausdehnung. Er intensivierte sich daraufhin schnell wieder, wurde am Morgen des 28. August zur Kategorie 5 hochgestuft und erreichte um 13 Uhr Ortszeit mit maximalen Windgeschwindigkeiten von 280 Kilometern pro Stunde seinen

Höhepunkt. Der gemessene Druck machte Katrina zum viertstärksten bis dahin registrierten atlantischen Orkan (ein Rekord, den Hurrikan Rita noch im selben Jahr brach). Katrina traf als Hurrikan der Kategorie 3 mit Windgeschwindigkeiten von 205 Stundenkilometern am 29. August um 6.10 Uhr an der Küste Louisianas zum zweiten Mal auf Land. Auf dem Festland wehten die Winde des Orkans mit einer Geschwindigkeit von 190 Kilometern pro Stunde vom Zentrum nach außen. Nachdem Katrina sich über den Südosten Louisianas bewegt hatte, erreichte sie in der Nähe der Grenze zwischen Louisiana und Mississippi mit einer Windgeschwindigkeit von 195 Stundenkilometern und damit noch immer in der Kategorie 3 ein drittes Mal Land. Über Mississippi behielt Katrina die Orkanstärke noch bei, schwächte sich dann ab, um sie schließlich 240 Kilometer im Landesinneren in der Nähe von Meridian (Mississippi) zu verlieren. Bei Clarksville (Tennessee) wurde der Sturm zur tropischen Depression herabgestuft, doch noch am 31. August waren Reste im Gebiet der Großen Seen zu spüren, wo sie schließlich von einer Kaltfront absorbiert wurde. Der daraus hervorgehende außertropische Sturm bewegte sich schnell nordostwärts und erreichte den Osten Kanadas. So weit die Geschichte eines extrem starken, aber nicht untypischen Wirbelsturms. Was unterschied ihn von anderen und verursachte nie da gewesene Schäden und eine so große Zahl von Toten? Die mangelnde Weitsicht beziehungsweise das Aufschieben notwendiger Maßnahmen im Angesicht einer potenziell gefährlichen Situation, muss man leider sagen – eine nur allzu menschliche Verhaltensweise. Die Katastrophe rührte daher, dass achtzig Prozent des Stadtgebiets von New Orleans und der Metropolregion der Stadt an der Südküste sowie rund um den Pontchartrain-See unterhalb des Meeresspiegels liegen. Da eine vom rechten Quadranten der Orkanfront hervorgerufene Sturmflut von acht Metern vorhergesagt wurde, befürchteten die Behörden einen Anstieg des Wasserspiegels bis über die Dämme der Stadt und damit eine riesige Überschwemmung. Dieses Risiko war bekannt; Studien hatten ermittelt, dass ein die Stadt direkt treffender Orkan zu einer massiven Überflutung führen würde, bei der Tausende ertrinken könnten; aufgrund des nur langsamen Rückzugs des Wassers würde es zum Ausbruch von Krankheiten und zu Dehydrierung kommen. Die von Katrina verursachte Welle durchbrach dann auch tatsächlich an 53 Stellen die Dämme der Metropolregion New Orleans – das System konnte weder die Stadt noch ihre Umgebung effizient schützen, ein großer Teil des östlichen Stadtgebiets wurde überflutet. Die größten Breschen entstanden unter anderem im 17th Street Canal, im London Avenue Canal und im breiten, schiffbaren Industrial Canal, wodurch etwa achtzig Prozent der Stadt überschwemmt wurden.

Im Oktober 2019 wurde Japan vom Supertaifun Hagibis (Abb. 58) getroffen, der mit Windgeschwindigkeiten von 190 bis 275 Stundenkilometern an die Obergrenze seiner Kategorie 5 herankam. Diese Stufe erreichte das enorme tropische Sturmsystem in knapp 18 Stunden. Leider jedoch vergingen zwischen seiner Entstehung am 4. Oktober und seiner Auflösung am 22. Oktober 18 Tage, und die Bevölkerung Japans wurde schwer in Mitleidenschaft gezogen. In den frühen Stunden des 12. Oktober traf ein Tornado die Stadt Ichihara und hinterließ einen Toten und zwei Schwerverletzte. Am Nachmittag wurden dann einige Gebiete Japans von Starkregen überschwemmt, in Zehntausenden von Haushalten fiel der Strom aus. Die Japan Meteorological Agency (JMA) gab eine Warnung vor weiteren Überflutungen, Geröllawinen und Erdrutschen

ABB. 58 Satellitenbild des Taifuns Hagibis der Kategorie 5 am 11. Oktober 2019 auf seinem Weg nach Japan, wo es zu verheerenden Überschwemmungen und Dutzenden von Toten kam. Das betroffene Gebiet südwestlich von Tokio registrierte Regenmengen von 922,5 Millimeter an einem einzigen Tag (NASA).

heraus, in deren Folge in den Gebieten mit dem größten Risiko sehr rasch Evakuierungen angeordnet wurden. In manchen Gegenden des Landes fielen bis zu 76 Zentimeter Regen. Offiziell bestätigt wurden 98 Tote, 7 Vermisste und 346 Verletzte. Über 270 000 Haushalte waren ohne Strom, und zehn Schnellzüge der Linie Hokuriku Shinkansen wurden in der Stadt Nagano von den Wassermassen erfasst. Den wirtschaftlichen Gesamtschaden schätzte man auf 15 Milliarden Dollar – eine Katastrophe biblischen Ausmaßes in einem Land, in dem der Katastrophenschutz eigentlich hohe Priorität genießt. Es zeigt sich, dass man derartig zerstörerischen Ereignissen kaum ausreichend vorbeugen kann. Selbstverständlich spielt die Vorbereitung eine fundamentale Rolle, um die Schäden zu begrenzen, doch die Natur ist für gewöhnlich stärker als die Bemühungen der Menschen, sich gegen Naturereignisse rundum abzusichern.

»ORKANE« IM MITTELMEER

Gibt es tropische Zyklone nur in den Tropen? Die Frage scheint etwas abwegig, da das Attribut »tropisch« doch eindeutig ausdrückt, dass diese Systeme auf eine Weltregion begrenzt sind. Dennoch treten auch außerhalb der Tropen Wirbelstürme dieses Typs auf. Ganz in unserer Nähe ereignen sich tropenähnliche Stürme (*tropical-like cyclone*, TLC), die der amerikanische Meteorologe Kerry A. Emanuel in einer Studie von 2005 auch als *Medicanes* (Schachtelwort aus *mediterranean hurricanes*) bezeichnete. Es handelt sich um Tiefdrucksysteme mit einem warmen Kern, gewitteriger Konvektion um ein Zentrum (wie bei Orkanen), heftigen Regenfällen und sehr starken Winden. Die Auswirkungen am Boden können durchaus gewaltig sein und beträchtlichen Schaden anrichten, wie man bei verschiedenen Gelegenheiten in Apulien und dem restlichen Süden Italiens beobachten konnte. Die sich im Becken des Mittelmeers entwickelnden *Medicanes* stellen eine Anomalie und keine Regelmäßigkeit dar und erreichen zum Teil Intensitäten wie ein Orkan der Kategorie 1. Ihre Entwicklung ist noch nicht bis in alle physikalischen Details durchschaut, doch offenbar handelt es sich um die dynamische und thermodynamische Umwandlung eines außertropischen Zyklons in einen Zyklon mit den für die

ABB. 59 Satellitenaufnahme (NASA-MODIS) des *Medicane* Zorbas, als er am 29. September 2018 mit seiner größten Intensität auf die Inseln des Peloponnes trifft (NASA).

Tropen typischen Kennzeichen. Auf Satellitenbildern sehen sie den Orkanen sehr ähnlich, auch wenn geringere Mengen Energie im Spiel sind. Wie ihre großen Brüder, die tropischen Zyklonen, werden die *Medicanes* von Wärme und Feuchtigkeit gespeist, die aus dem um die 26 Grad warmen Mittelmeerwasser stammen. Dies ist vor allem im August und September im Ionischen Meer, im südlichen Tyrrhenischen Meer, in der Straße von Messina, im Libyschen Meer und rund um Sardinien, in der zentralen Adria, aber auch im westlichen Mittelmeer rund um die Balearen der Fall. Die Stürme bekommen informelle Namen von der Freien Universität Berlin, allerdings ohne die bei Orkanen übliche genaue Zuweisung der Verantwortung. Abb. 59 zeigt den *Medicane* Zorbas vom September 2018. Wie man sieht, wandert der Zyklon über das zentrale Mittelmeer Richtung Süditalien, wo die Wahrscheinlichkeit für das Auftreten dieses Phänomens am größten ist.

DIE ETWAS »NORMALEREN« ZYKLONE

Beschäftigen wir uns einmal mit unseren Breiten und denen bis hinauf zu den Polarkreisen. Die sich in diesem Streifen entwickelnden Wirbelstürme werden als außertropische Zyklone bezeichnet, definiert als Tiefdrucksysteme mit großer Ausdehnung und zyklonaler Rotation. Sie bilden sich an der Schnittstelle zwischen trocken-kalter Luft im Norden und feuchtwarmer Luft im Süden: Entlang dieser ideellen Grenze entwickelt sich an der Erdoberfläche eine Rotation gegen den Uhrzeigersinn, die warme Luft von Süden und kalte Luft von Norden heranführt – das nennt man *Zyklogenese* (Abb. 60). Im Rotationszentrum strömen die Luftmassen zusammen (Konvergenz),

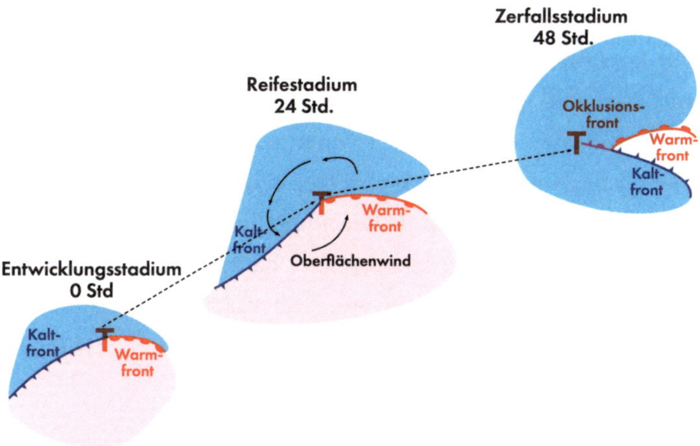

ABB. 60 Entwicklungsstadien eines außertropischen Zyklons. Der Buchstabe T (tief) bezeichnet das Tiefdruckzentrum am Boden.

und da sie nicht anders ausweichen können, steigen sie nach oben. Wenn die Situation in der Höhe günstig ist, zum Beispiel durch eine Bewegung der Luftmassen nach außen (Divergenz), wird dieser Prozess unterstützt, und der Zyklon wächst. Sobald er voll ausgebildet ist, erscheinen klar definierte Fronten. Wenn das Reifestadium erreicht ist, sinkt der Druck im Zentrum auf den Tiefpunkt, die Kaltfront erreicht die vorgelagerte Warmfront, und es bildet sich eine sogenannte Okklusionsfront. Wenn sich die Okklusion bildet und sich die gesamte Warmluft über der Kaltluft befindet, füllen die konvergierenden Luftmassen das Tief, und der Zyklon beginnt sich abzuschwächen, bis er komplett zerfällt.

In seinem Lebenszyklus bewegt sich ein Wirbelsturm bevorzugt von den niedrigeren zu den höheren Breiten und transportiert dabei tropische Hitze in Richtung der Pole, wodurch die allgemeine Zirkulation der Atmosphäre unterstützt wird. Fast alle Winterstürme stehen mehr oder weniger in Zusammenhang mit der Entwicklung außertropischer Zyklone, die eine konstante und alltägliche Komponente des Wetters in den mittleren und höheren Breiten darstellen, die Niederschlagsstruktur in den Streifen der Fronten eingeschlossen (Abb. 61). Zu bedenken ist auch, dass sich tropische Zyklone im Lauf ihres Lebenszyklus und ihrer kontinuierlichen Bewegung nordwärts (in die nördliche Hemisphäre) häufig in außertropische Zyklone umwandeln. Auch wenn all das relativ kompliziert klingt, lässt sich zumindest eines festhalten: Mittels Zyklonen

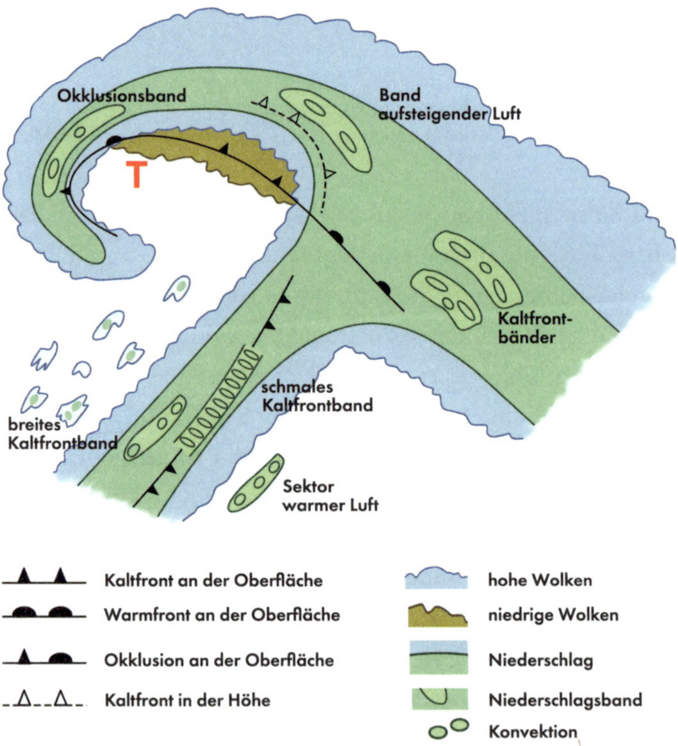

ABB. 61 Verteilung der Wolken und Niederschläge in einem reifen außertropischen Zyklon (überarbeitet übernommen aus Houze 2014).

ABB. 62 Satellitenbild (NASA/MODIS) eines außertropischen Zyklons am 4. September 2003 über dem Südwesten Islands (NASA).

reduziert die Natur den meridionalen Temperaturunterschied. Sie sind damit die Quelle der Energie, die nötig ist, um die Atmosphäre in Bewegung zu halten. Das bemerkenswerte Beispiel eines heftigen außertropischen Zyklons über dem Südwesten Islands zeigt Abb. 62.

WOLKEN, DIE KAUM EINER KENNT

Bisher haben wir uns mit Wolken beschäftigt, deren physikalische Entstehungsmechanismen wir mehr oder weniger genau kennen. Es gibt jedoch immer noch Wolken, von denen wir recht wenig wissen. Auf intensivere Erforschung warten nach

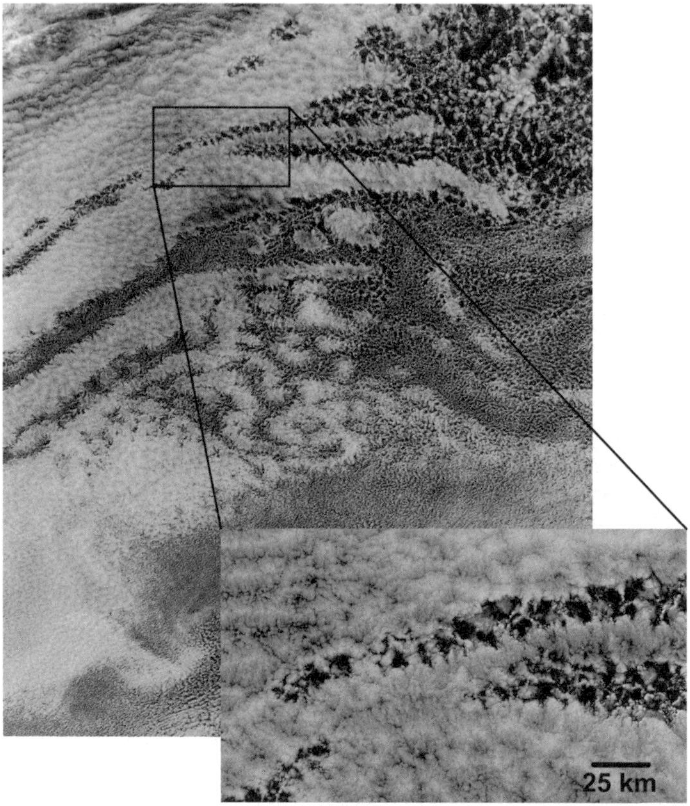

ABB. 63 Satellitenbild (NASA/MODIS) von marinen *Stratocumulus*-Wolken am 17. April 2010 vor der peruanischen Pazifikküste. Die Wolken erscheinen als geschlossene Zellen, die sich öffnen (vergrößerter Ausschnitt), wenn der Niederschlag einsetzt (NASA).

wie vor die marinen *Stratocumulus*-Wolken, die mit Abstand die größten Wolkenformationen bilden. Indem sie riesige Meeresflächen bedecken, schirmen sie die Sonnenstrahlung ab und nehmen so großen Einfluss auf den Strahlungsaustausch und damit auf das Klima. Obwohl sie über allen Ozeanen dieser Welt vorkommen, sind noch lange nicht alle sie betreffenden

Fragen befriedigend geklärt. Normalerweise organisieren sie sich in geschlossenen Zellen, die in dem Moment, in dem der Niederschlag beginnt, zu offenen, also im Inneren leeren Zellen zu werden scheinen.

Um die physikalischen Mechanismen ihrer Entstehung zu begreifen, gibt es einen merkwürdigen und dennoch wichtigen Aspekt zu berücksichtigen: Marine *Stratocumulus*-Wolken interagieren mit den großen Mengen an Aerosolen, die aus den Schornsteinen der Schiffe aufsteigen. Diese Aerosole sind an der Wolkenbildung beteiligt und verändern die Tröpfchenpopulation. Das Ergebnis sind auf Satellitenbildern gut sichtbare Streifen (vgl. Abb. 64). Es handelt sich offensichtlich um eine vom Menschen verursachte Veränderung der Wolken, auf die ich später noch näher eingehen werde, wenn es um gezielte Wetterveränderung geht.

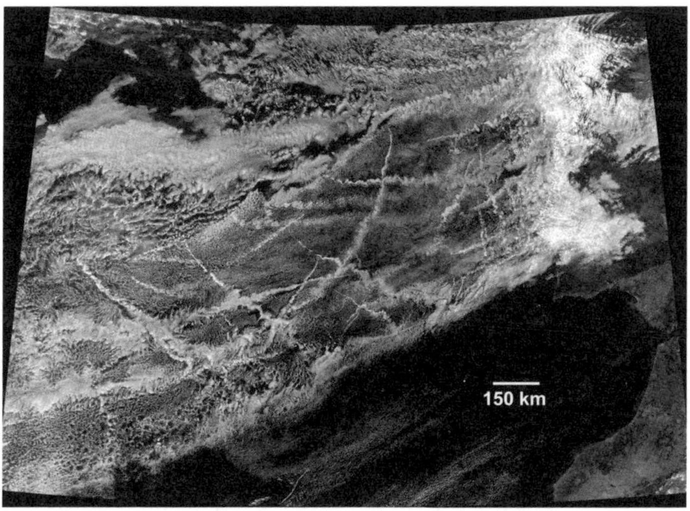

ABB. 64 Satellitenbild (NASA/MODIS) von marinen *Stratocumulus*-Wolken am 16. Januar 2018 vor der Atlantikküste Portugals. Die unter ihnen fahrenden Schiffe beeinflussen die Wolken hinsichtlich der Größe und Zusammensetzung ihrer Tröpfchen (NASA).

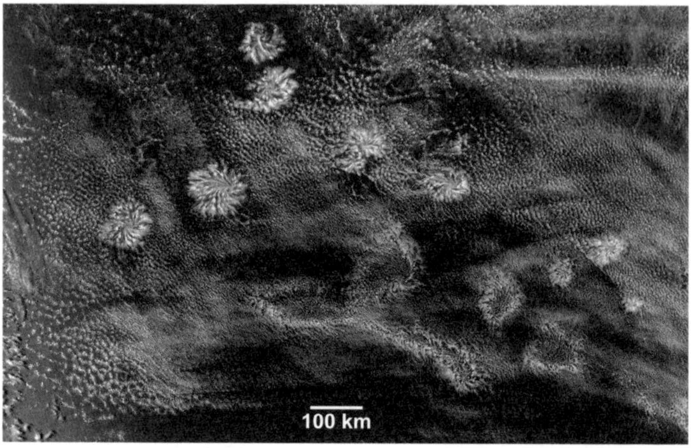

ABB. 65 Satellitenbild (NASA/MODIS) von aktinoformen Wolken am 29. Januar 2020 vor der Westküste Australiens (NASA).

Eine weitere Form spezieller *Stratocumulus*-Wolken sind *aktinoforme Wolken*, integraler Bestandteil der marinen *Stratocumulus*-Wolken, die eine scharf abgegrenzte strahlenartige Form annehmen (daher ihr Name: griech. *aktina* = Strahl). Von der Erde aus sind sie mit bloßem Auge nicht zu erkennen, da sie sich über einen Durchmesser von 300 Kilometern erstrecken. Im Allgemeinen bilden sie sich innerhalb von »Zügen« dieses Wolkentyps, die bis zum Sechsfachen des Durchmessers einer Einzelwolke lang sein können, wobei diese selbst jedoch erhalten bleibt. Die Forschung versucht derzeit in einer Reihe von Studien, die Ursachen ihrer Entstehung zu ergründen, die in jedem Fall mit der speziellen Struktur von *Stratocumulus*-Wolken sowie der Anfangsphase leichten Niederschlags über dem Meer zusammenzuhängen scheint. Abb. 65 zeigt ein besonders anschauliches und auffälliges Beispiel.

VIER

EIN STREIFZUG DURCH DIE WELT DER HYDROMETEORE

Natur ist eine vielgestaltige Wolke, immer
und nirgends dieselbe.

Ralph W. Emerson, *Essays* (1841)[11]

Bisher haben wir uns das Schauspiel angesehen, das uns die vielen verschiedenen Wolken auf der Himmelsbühne bieten, und wir haben uns mit einigen der Prozesse beschäftigt, die zu ihrer Bildung führen. Wir Menschen sehen alles Mögliche in den Wolken, manchmal empfinden wir sie sogar als Spiegel verborgener seelischer Regungen oder noch häufiger unserer augenblicklichen Stimmung. Wir sagen: »Das Wetter heute zieht mich runter«, wenn dunkle, tief hängende Wolken mit baldigem Regen und grimmiger Kälte drohen. Wir bringen die Wolken sofort mit dem Wetter in Verbindung, Gewitterwolken, Winterwolken, die Schnee bringen, die berühmten Schäfchenwolken, bei denen man laut Bauernregel »ohne Schirm spazieren gehen« kann. Allerdings sind wir bisher noch nicht hinter die »Geheimnisse« ihrer Entstehung und die Gründe ihrer Vielfalt und Wandelbarkeit gekommen. Wolken nur zu klassifizieren, reicht da leider nicht aus.

WAS SIND HYDROMETEORE?

Sehen wir uns also die Hydrometeore näher an, die wesentlichen Bausteine der Wolken, zu denen wenige Mikrometer (ein Millionstel Meter, abgekürzt µm) kleine Tröpfchen wie auch riesige Hagelkörner mit einem unglaublichen Durchmesser von 20 Zentimetern gehören. Untersuchen wir die Tröpfchen und Tropfen, die Eiskristalle und Schneeflocken, Wasser, das bei fast minus 40 Grad noch flüssig ist, Graupeln und Hagelkörner und anderes mehr. Wir werden feststellen, dass Wolken eine ziemlich komplexe Umgebung darstellen, in der sich die Substanz Wasser manchmal recht eigenartig verhält – und ganz anders, als wir es aus dem Alltag kennen. Die unzähligen Gestalten, Größen und Farben der Wolken sowie ihre Entwicklung in der Erdatmosphäre lassen sich nicht erklären, ohne zu verstehen, dass es das Wasser ist, das sie in sehr spezieller Weise formt. Dafür wiederum muss man wissen, wie die Hydrometeore entstehen, sich verändern, verdunsten und fallen und dabei immer den aufsteigenden Luftströmungen und deren recht unberechenbaren Launen ausgeliefert sind.

Wie bereits angeklungen ist, entstehen Wolken, wenn aufsteigende feuchtwarme Luft mit Wasser übersättigt ist, das heißt die relative Luftfeuchtigkeit über 100 Prozent steigt. Anders ausgedrückt liegt das Verhältnis zwischen der Dichte des Dampfes, der in der Mischung aus Dampf und feuchter Luft enthalten ist, und der Dichte des gesättigten Dampfes bei der Temperatur der Mischung (eine Größe, die zwischen 0 und 1 liegen kann) über 1. Eine relative Luftfeuchtigkeit von 1 (bzw. 100 Prozent) besagt, dass die Gasmischung die maximale Menge an Feuchtigkeit enthält, die bei entsprechenden Temperatur- und Druckverhältnissen möglich ist – die Luft ist gesättigt. Wenn der Wert über 1 steigt, ist sie übersättigt. Nun könnte man meinen, dass der Aufstieg der feuchtwarmen Luft, die nach und nach für eine Abkühlung der Mischung sorgt, an einem bestimmten Punkt für die Übersättigung sorgt, der Dampf folglich kondensiert und spontan Tröpfchen bildet. So ist es aber nicht, denn für das Anfangsstadium der Tröpfchenbildung durch die sogenannte *homogene Nukleation* (das heißt die »Geburt« von Tröpfchen bei alleinigem Vorhandensein von Wasserdampf in einer Luftmischung) wäre eine relative Luftfeuchtigkeit von 300 bis 400 Prozent nötig, was innerhalb der Erdatmosphäre definitiv unmöglich ist. Messungen von aufsteigenden Luftpartikeln in der Atmosphäre haben ergeben, dass die relative Luftfeuchtigkeit bis maximal zwischen 101 und 103 Prozent ansteigt. Es könnte ja sein, dass sich Tröpfchen durch den zufälligen Zusammenstoß von Dampfmolekülen bilden und so winzige »Embryos« in der Größe von 0,01 Mikrometern entstehen. Möglich wäre das, doch embryonale Tröpfchen dieser Größe würden in einer so »trockenen« Luft sofort verdunsten.

AEROSOL UND KONDENSATION

Daraus müssten wir schließen, dass unter »normalen« Bedingungen in der Atmosphäre überhaupt keine Tröpfchenembryos entstehen. Da sich aber nun einmal Wolken bilden, muss ja irgendetwas passieren, was die Nukleation in den ersten Momenten der Existenz einer Wolke ermöglicht. Des Rätsels Lösung lautet, dass Wolken nie aufgrund homogener Nukleation von reinem Wasser entstehen, sondern aufgrund von *heterogener Nukleation*: Das heißt, es setzt sich Dampf auf der Ober-

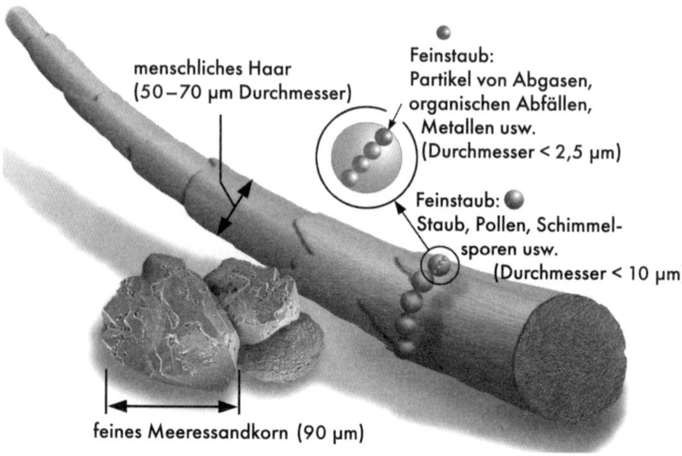

ABB. 66 Die typische Größe von Partikeln in unserer Atmosphäre im Vergleich zu einem menschlichen Haar (Angaben in µm = Mikrometer) (US Environmental Protection Agency).

fläche von atmosphärischen Partikeln, den Aerosolen, ab. Da Aerosolpartikel in riesigen Mengen in der Atmosphäre schweben, ist der Vorgang der heterogenen Nukleation nicht nur möglich, sondern sogar sehr wahrscheinlich, und deshalb können sich Wolken bilden. Ein Blick auf Abb. 66 verdeutlicht, welche Maße die unterschiedlichen Aerosolpartikel haben können, während Abb. 67 zeigt, welche Aerosolquellen es auf der Erde gibt. Trotz vielfältiger Entstehungsmechanismen taugen nicht alle Partikel gleichermaßen zur Wolkenbildung.

Tatsächlich braucht es ganz bestimmte atmosphärische Aerosolpartikel, um die Nukleation in Gang zu setzen. Sie werden Kondensationskerne (oder Wolkenkeime) genannt und sind wasserlöslich, können der Feuchtigkeit also nicht widerstehen. Die am häufigsten vorkommenden Partikel stammen aus der Gischt der Meereswellen, von denen jährlich 10 000 bis 15 000 Teragramm (ein Teragramm, abgekürzt Tg, entspricht

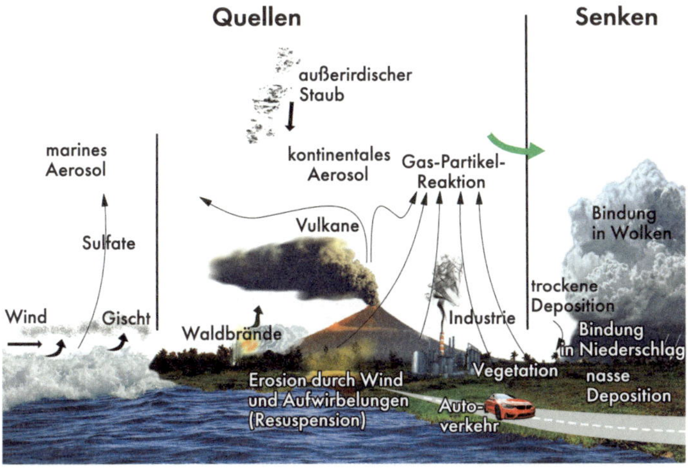

ABB. 67 Die wichtigsten Quellen und Senken für atmosphärische Aerosolpartikel.

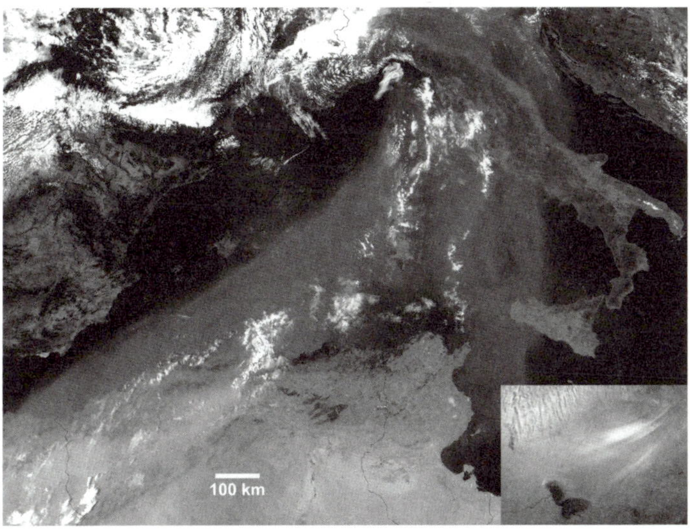

ABB. 68 Satellitenbild (NASA/MODIS) vom Transport von Saharasand Richtung Italien am 16. Juli 2003 um 12.00 Uhr UTC. In dem kleinen Ausschnitt ist ebenfalls vom Satelliten (NASA/MODIS) aus ein Sturm in der Bodélé-Depression in der Sahara zu sehen (NASA).

1000 Milliarden Gramm oder einer Megatonne) in die Atmosphäre abgegeben werden. Dann folgt Staub, vor allem aus Wüsten, mit 1000 bis 7500 Teragramm jährlich, Kohlepartikel aus Waldbränden mit 350 bis 1000 Teragramm, Partikel vulkanischen Ursprungs mit 500 Teragramm (der Wert variiert stark, abhängig von Vulkanausbrüchen), aus unterschiedlichen Verbrennungsvorgängen stammende Partikel mit 500 Teragramm und schließlich der Abrieb von in die Erdatmosphäre eintretenden Meteoren mit 10 Teragramm jährlich. Die Kondensation von Gasen (Gas-Partikel-Reaktion) sorgt nochmals für etwa 15 000 Teragramm pro Jahr. Die globale Produktion von Aerosolpartikeln schwankt also zwischen 25 000 und 40 000 Teragramm pro Jahr. Um uns die gigantische Menge an Partikeln vorstellen zu können, die allein von Naturphänomenen hervorgebracht werden, sehen wir uns auf Abb. 68 den Sandtransport aus der Sahara Richtung Italien an, außerdem einen Sturm in der Bodélé-Depression im Zentrum des Tschad am südlichen Rand der Sahara, der Wüstensand in die Atmosphäre transportiert. Erhellende Beispiele für die Entstehung von Aerosol in natürlichen Prozessen liefert in Abb. 69 auch das Platzen von Luftblasen in Meereswellen, Abb. 70 zeigt springende Sandkörner in der Wüste. Wie man sieht, ist häufig der Wind dafür verantwortlich.

Die Dampfmoleküle haften also an den Kondensationskernen und bilden einen ersten Wasserfilm um die Partikel. Das Wasser löst jedoch einen Teil der Partikel, weswegen der Wasserfilm auf der Oberfläche eigentlich eine Lösung ist, in der die Salze gelöst sind, aus denen die Partikel ursprünglich bestanden. Der Druck des Dampfes auf der Oberfläche dieser embryonalen Tröpfchen ist niedriger als auf einer Oberfläche aus reinem Wasser, und die Übersättigung in dem aufsteigenden Luftparti-

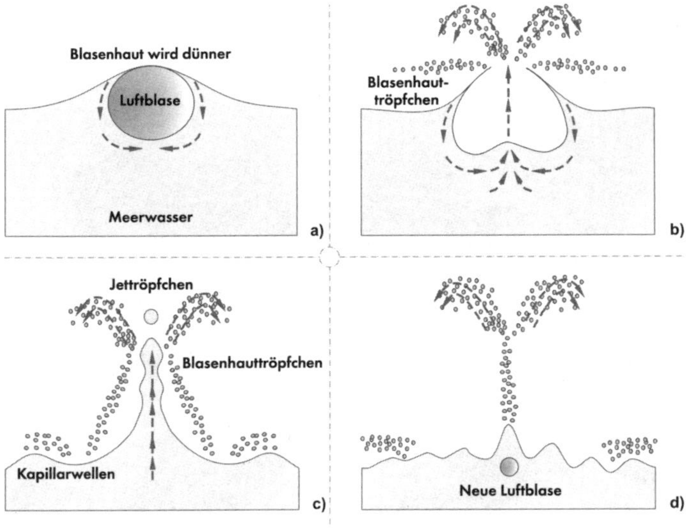

ABB. 69 Entstehung von marinem Aerosol durch das Platzen von Luftblasen auf Wellenkämmen.

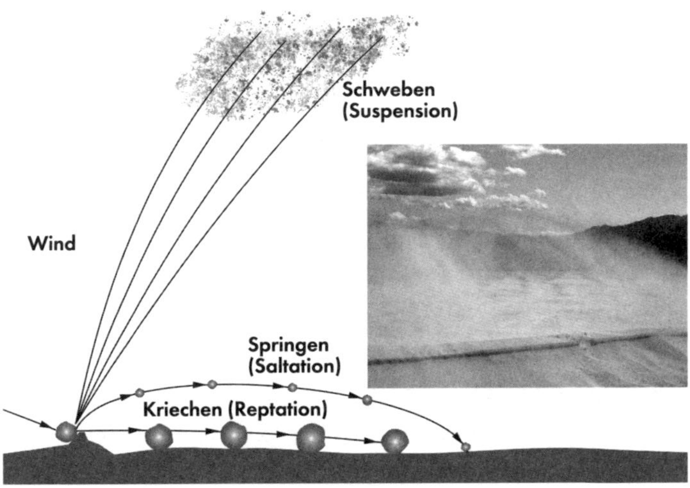

ABB. 70 Entstehung von Aerosolpartikeln aus Wüstensand. Je nach Windgeschwindigkeit rollen oder springen die Sandkörner oder werden in die Luft gewirbelt. In dem Ausschnitt sieht man die Mobilisierung des Sands in der Mojave-Wüste in Kalifornien.

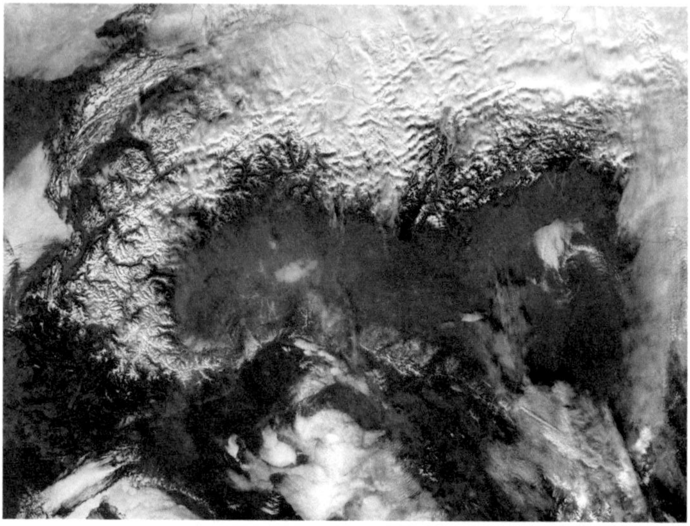

ABB. 71 Auf dem Satellitenbild (NASA/MODIS) zeigt sich der Smog über der Po-Ebene am 23. Dezember 2005 als transparenter grauer Schleier im Süden der Alpen. Die Wolken blockieren zum Teil die Sicht auf die schneebedeckten Berge und im Süden auf Mittelitalien (NASA).

kel reicht aus, damit das Tröpfchen auch in der ungünstigen Umgebung, in der es entsteht, überleben kann. Es hat die sogenannte *kritische Größe* erreicht und kann von nun an, wenn die Umgebung es zulässt, durch die Diffusion des Umgebungsdampfes in Richtung seiner Oberfläche wachsen.

Kommt der Prozess zum Stillstand, sind diese Tröpfchen Bestandteile des Dunstes, der an feuchten Tagen und bei hohem Aerosolgehalt der Luft das Sonnenlicht reflektiert und die Sicht manchmal erheblich einschränkt, beispielsweise in Peking oder in meiner Heimat Italien in den Städten der Po-Ebene. Die Po-Ebene ist im Norden von der Alpenkette, im Süden vom Apennin umgeben, was die Luftzirkulation erschwert und die Ansammlung von Stickstoffdioxid, Ozon und Feinstaub be-

ABB. 72 Der Dunst, der sich aus winzigen Tröpfchen bildet, wenn feuchte Luft an Berghängen aufsteigt.

günstigt und der Bevölkerung förmlich die Luft zum Atmen raubt (Abb. 71). Das ist natürlich nicht zu verwechseln mit dem Dunst, der sich auch in relativ sauberer Luft bilden kann und wie leichter Nebel wirkt, zum Beispiel an den Hängen von Bergen (Abb. 72).

DIE TRÖPFCHEN

Die Wolkenbildung hat also mit der Kondensation begonnen. Und dann? Nun können ganz verschiedene Dinge passieren – fangen wir mit der Wolke an, die nur aus flüssigem Wasser, also aus Tröpfchen, besteht. Sie werden als Wasserwolken bezeichnet (mitunter auch als warme Wolken), weil sie kein Eis enthalten (auch wenn in ihnen nicht immer Temperaturen über 0 Grad herrschen). Tröpfchen, die die kritische Größe erreicht haben, sind umgeben von aufsteigender übersättigter Luft, und somit kondensiert an ihnen Wasserdampf und lässt sie wachsen. Dieses anfängliche Wachstum, das sogenannte *Diffusionswachstum*, ist ein langsamer Prozess, da auch die Diffusion des Dampfs Richtung Tröpfchen nur langsam vonstattengeht und abhängig davon ist, wie viel Dampf die aufsteigende Luft enthält. Darüber hinaus dringt diese mit zunehmender Höhe in immer trockenere atmosphärische Schichten vor. Mit abnehmender Übersättigung klappt es mit dem Diffusionswachstum immer schlechter.

Abb. 73 stellt die tatsächlichen Dimensionen der Partikel und Tröpfchen grafisch dar. Wir müssen uns die Entwicklung eines Tröpfchens mit einer anfänglichen Größe von 1/10 Mikrometer bis zum Regentropfen mit 1000 Mikrometern (mindestens 1 Millimeter) vor Augen halten: Der Regentropfen hat die 10 000-fache Größe des Ursprungströpfchens. Wie kommt es dazu? Möglich machen dies die riesige Menge an Tröpfchen in diesem Entwicklungsstadium der Wolke und die Tatsache, dass einige von ihnen einen größeren Durchmesser haben als die anderen. Die großen fungieren als Zielscheibe und werden in der herumwirbelnden aufsteigenden Luftmasse von den sie umgebenden Tröpfchen getroffen. Diesen Vorgang nennt man *Kollision*, er bewirkt die *Koaleszenz*. Mit anderen Worten: Wenn unter diesen Bedingungen zwei Tröpfchen zusammenstoßen, dann ballen sie sich zu einem einzigen zusammen, dessen Masse der Summe der beiden ursprünglichen entspricht. Es handelt sich aufgrund der großen Menge an Tröpfchen und der hohen Geschwindigkeit um ein »explosives« Ereignis, schematisch dargestellt auf Abb. 74.

Dies erklärt einerseits das schnelle Wachstum einer Wolke ab dem Erreichen des Kondensationsniveaus (des Moments, in dem die Tröpfchen zu kondensieren beginnen und die Wolke

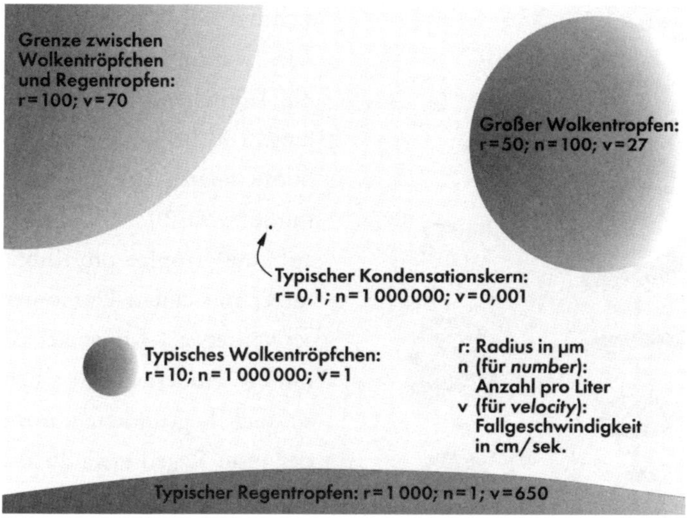

ABB. 73 Die Größe (in µm), Konzentration (Anzahl pro Liter) und Fallgeschwindigkeit (cm pro Sek.) von Aerosolpartikeln, Wolkentröpfchen und Regentropfen.

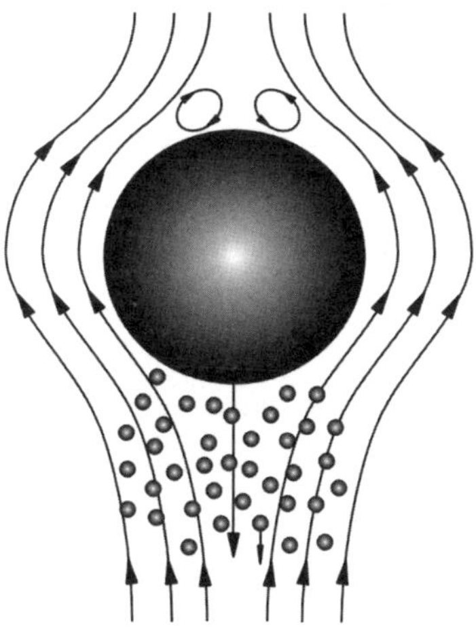

ABB. 74 Kollision großer und kleiner Tröpfchen in einer Wolke. Die nach unten gerichteten senkrechten Pfeile stehen für die Geschwindigkeit und Fallrichtung der Tröpfchen, die gebogenen Linien für die Luftströmung rund um das »Zieltröpfchen«.

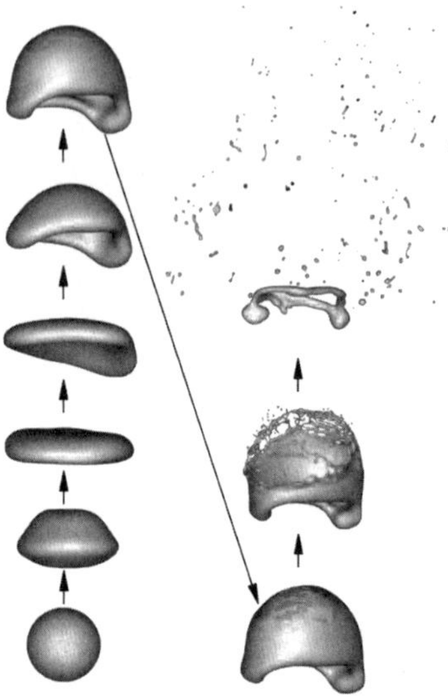

ABB. 75 Das Platzen *(Break-up)* eines großen Wassertropfens in einer Wolke. Die Pfeile zeigen den zeitlichen Ablauf. (Angepasst übernommen aus Jain et al. 2015)

sichtbar wird) und andererseits, warum in einer Wolke die Tröpfchendichte von anfangs 100 Millionen pro Kubikmeter mit einem Durchmesser von 20 Mikrometer auf 1000 Tropfen pro Kubikmeter mit einem Durchmesser von etwa 1 Millimeter abnimmt. Außerdem lässt sich so auch begründen, warum der erste Regen etwa 20 bis 30 Minuten nach Beginn der Wolkenentwicklung fällt. Wir haben somit den ersten Teil des Rätsels gelöst, das hinter dem plötzlichen Auftauchen einer *Cumulus*-Wolke an einem Sommerhimmel steckt, der vor wenigen Minuten noch blau und wolkenlos war: Ganz so plötzlich ging das eben nicht. Nun wird auch klar, warum Wolken so häufig vorkommen: Ihre Entstehung hängt mit der unermesslichen Zahl an Partikeln in der Atmosphäre und der Menge an Wasserdampf in ihren unteren Schichten zusammen. Machen wir uns bewusst, dass ohne sie kein Leben auf der Erde möglich wäre. Ich komme später nochmals darauf zurück, aber der Mechanismus ist einerseits allgegenwärtig und andererseits durchaus störanfällig.

Die Tropfen können zwar noch weiterwachsen, doch auch diesem Prozess ist ein Ende gesetzt – so groß wie ein Fußball können sie nicht werden (was sonst bei einem Platzregen los wäre, möchte man sich nicht vorstellen). Aber *warum* hören sie irgendwann auf zu wachsen? Dazu muss man wissen, dass es die Oberflächenspannung ist, die einen flüssigen Tropfen zusammenhält, und solange er nicht zu groß wird, macht sie ihre Sache gut. Sehr große Tropfen jedoch werden durch die Luftströmung deformiert, verlieren ihre Kugelform und werden flacher, wie man Abb. 75 entnehmen kann. Die aufsteigende Luft bläht sie auf, es formt sich ein richtiger kleiner Ballon, der dann durch einen Luftstoß in viele kleinere Tropfen zerbirst (Fachbegriff *Break-up*). So existiert ein Tropfen mit einem Durchmesser von 6 Millimetern nur sehr kurze Zeit, bevor er bricht. Dieser Mechanismus sorgt dafür, dass die Tropfendurchmesser relativ klein bleiben.

ES WIRD KÄLTER, ABER WIE KALT?

So weit, so gut, doch gibt es auch *Eiswolken* (manchmal auch kalte Wolken genannt) und *Mischwolken*. Für sie gilt das oben Gesagte nicht, und wir brauchen eine andere Erklärung für die Entstehung dieser Wolken. Wenn eine Wolke sich in eine Höhe ausdehnt, in der Temperaturen unter null Grad herrschen, wird sie als Eiswolke bezeichnet. Eiswolken bestehen allerdings nicht immer komplett aus Eis, sondern enthalten auch flüssiges Wasser weit unter dem Gefrierpunkt. Dieser spezielle Typ Wasser wird *unterkühltes Wasser* genannt und kommt in Wolken relativ häufig vor. Eine Wolke, die bei Temperaturen unter dem Gefrierpunkt sowohl Wasser als auch Eis enthält, wird als Mischwolke bezeichnet. Wie schon gesagt, verhält sich Wasser in Wolken recht eigenartig, und was gäbe es Eigenartigeres als Tröpfchen, die bei unter null Grad flüssig bleiben?

Sehen wir uns nun den Gefriervorgang in einer sich bildenden Wolke genauer an. Vor dem Hintergrund, dass eine homogene Eisbildung, das heißt die Kondensation eines Eiskristalls direkt aus Wasserdampf, eine in der Erdatmosphäre nicht erreichbare Übersättigung sowie Temperaturen unter minus 38 Grad erfordern würde, kommt wie bei den Tröpfchen ein äußerer Faktor zu Hilfe.

Ein Eiskristall in der Atmosphäre ist nicht dasselbe wie das, was man in der Tiefkühltruhe sieht. Nehmen wir uns die Zeit für ein bisschen Physik, um die Sache genauer zu durchdringen. Eiskristalle entstehen auf zwei Arten: entweder durch Deposition von Wasserdampf auf einem Aerosolpartikel wie bei der Nukleation von Tröpfchen oder bei hinreichend tiefen Temperaturen durch das Gefrieren von bereits existierenden Tröpfchen. Im ersten Fall müssen in der Wolke Partikel einer bestimmten Sorte vorhanden sein, die sogenannten Eiskeime (auch Eiskerne, Gefrierkerne, engl. *ice nuclei*), deren Struktur der von Eis ähnelt. Diese Aerosole ermöglichen die Entstehung von Kristallen bei einem in der feuchten Erdatmosphäre typischen Grad von Übersättigung – so wie die Kondensationskerne bei der Tröpfchenbildung. Im Fall der Kristalle werden jedoch der flüssige Zustand und die Entstehung eines Lösungsfilms auf der Partikeloberfläche übersprungen. Bei den Aerosolpartikeln, die als Eiskeime fungieren können, handelt es sich überwiegend um Staubteilchen (Siliziumverbindungen, die sogenannten Silikate), die aus der Zersetzung der Böden durch Wind oder Wasser stammen, insbesondere Ton. Das kann man sich sehr gut vorstellen, wenn man beispielsweise auf den Hügeln rund um Modena unterwegs ist, wo ich wohne, deren Hänge stark zerklüftet sind. Für die tiefen Furchen sind einerseits die Elemente verantwortlich, aber auch der Mensch, der dort Ton abbaut, unter anderem, um daraus die Keramikfliesen herzustellen, für die der Ort Sassuolo berühmt ist. Aus diesen Furchen wird jede Menge »tonhaltiges« Aerosol aufgewirbelt, das in den Entstehungszyklus von Eiswolken eingespeist wird. Doch die Eiskeime sind nicht so träge wie Ton, die Natur spielt mit den Wolken und versorgt sie mit weiteren überraschenden Elementen, die man eher mit Krankheiten in Verbindung bringt. Ich spreche von aus der Vegetation stammenden Bakterien, den Erregern von Pflanzenkrankheiten. Ein Beispiel dafür ist *Pseudomonas syringae*, das hervorragend als Eiskeim funktioniert. Sie fragen sich vielleicht, wieso es so viel davon gibt, dass daraus Wolken entstehen. Diese Bakterien sind auf Pflanzen praktisch allgegenwärtig – es gibt von ihnen unvorstellbare Mengen. Erst kürzlich hat man entdeckt, dass auch Zellulosepartikel als Eiskeime hervorragend geeignet sind, wodurch sich endlich die bisher unerklärliche Präsenz von Eis in einer bestimmten atmosphärischen Umgebung erklären lässt. Zellulose ist aufgrund der Zersetzung von Holz natürlich überall in großen Massen vorhanden.

Die Tröpfchen können dann durch den Kontakt mit einem Aerosolpartikel gefrieren, was vom Kontaktpunkt ausstrahlend einen raschen Vereisungsprozess in Gang setzt: Man spricht von *Kontaktnukleation*. Eine andere Möglichkeit ist das *Immersionsgefrieren*, bei dem kalte Aerosolpartikel sehr schnell in Tröpfchen eindringen und aus dem Inneren heraus die Eisbildung in Gang setzen. Abb. 76 fasst die Mechanismen der Vereisung von Hydrometeoren in der Atmosphäre zusammen.

Die Temperaturen, bei denen es zur Eisbildung kommt, variieren stark und hängen von der Art des Gefrierens, aber auch von den Aerosolpartikeln ab. Das ist wichtig, da – wie schon erwähnt – die Tröpfchen in Wolken nicht alle bei 0 Grad ge-

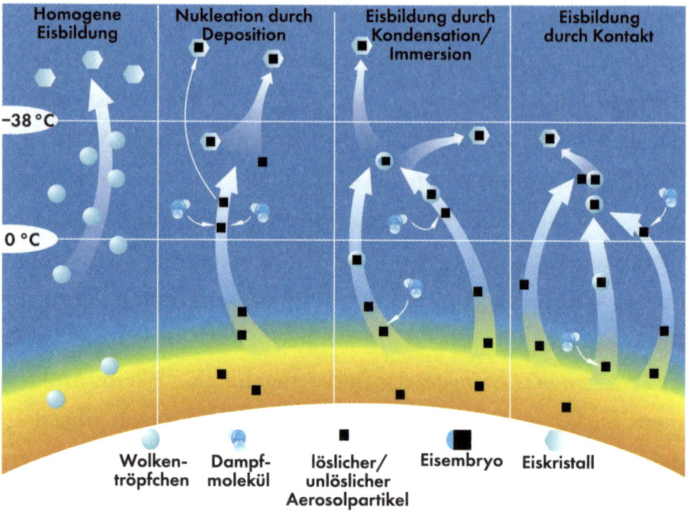

ABB. 76 Mechanismen der Eisbildung in Wolken.

frieren. Das klingt auf Anhieb verwirrend: Warum gefriert Wasser in einem Behälter in der Tiefkühltruhe bei unter 0 Grad sehr rasch, aber in einer Wolke passiert nicht automatisch dasselbe? Dass eine Wolke bei dieser Temperatur nie vollständig gefroren ist, widerspricht tatsächlich dem gesunden Menschenverstand, dennoch gibt es dafür einen guten Grund: Die Wassertröpfchen in den Wolken bewegen sich aufgrund der Aufwärtsströmung sehr schnell und verharren nicht am Gefrierpunkt. Der aufsteigenden Luftsäule in der Wolke genügen wenige Zehntelsekunden, um ein Tröpfchen von knapp über dem Boden in mehrere Tausend Meter Höhe zu katapultieren. Das Tröpfchen hat im wahrsten Sinne des Wortes keine Zeit, rechtzeitig zu gefrieren, und bleibt noch einige Zeit flüssig. Darüber hinaus passiert in dem Gefäß im Tiefkühler nichts anderes als der Vorgang des Gefrierens des darin enthaltenen Wassers, während es sich bei den Tröpfchen in den Wolken um Milliarden von Vorgängen gleichzeitig handelt. Beobachtungen haben ergeben, dass eine Wolke erst ab einer Temperatur von minus 15 Grad in relevantem Maße vereist ist. Die Eiskeime aktivieren die Vereisung bei Temperaturen zwischen etwa minus 2 und minus 16 Grad. Wolken sind also eine ziemlich spezielle Umgebung, in der Dinge passieren, die sich allein mit Alltagserfahrung schwer erklären lassen. Allerdings würde es ohne dieses sehr ungewöhnliche Verhalten Wolken in den mittleren und höheren Breiten gar nicht geben.

EISKRISTALLE, MEISTERWERKE DER NATUR

Die Eiskristalle, die wir fasziniert betrachten, wenn Schnee auf unsere Handschuhe fällt (zu Anschauungszwecken ist es besser, wenn die Handschuhe dunkel sind), sehen alle sehr unterschiedlich aus. Die meisten haben vermutlich vor allem die 08/15-Eiskristalle aus der Weihnachtsdeko im Kopf – beste Voraussetzung, um sich von der tatsächlichen Vielfalt der Größen und Formen überraschen zu lassen, von denen viele kaum bekannt sind. Abb. 77 liefert einen Überblick über die hauptsächlich in Wolken vorkommenden Eiskristalle – abhängig von der Temperatur und Feuchtigkeit der aufsteigenden Luft. Das heißt, in unterschiedlichen Bereichen einer Wolke und in unterschiedlicher Höhe sind auch unterschiedliche Kristalle anzutreffen. Eine hohe *Cirrus*-Wolke enthält normalerweise prismenförmige Kristalle, eine *Nimbostratus*-Wolke kurz vor Einsetzen des Schneefalls vor allem sechseckige Kristalle des verästelten *(dendritischen)* Typs. Über die in der Abbildung gezeigten Typen hinaus gibt es noch viele andere, bei denen es sich in der Regel um Varianten der Haupttypen handelt.

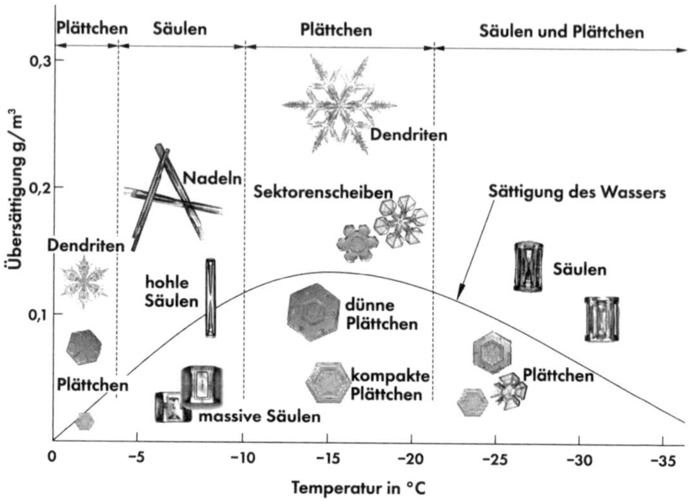

ABB. 77 Morphologie der in Wolken vorkommenden Eiskristalle, deren Form sich je nach Temperatur und Luftfeuchtigkeit stark unterscheidet.

Die Kristalle sind eingebettet in eine Wolke aus übersättigtem Wasserdampf, der sie durch Deposition auf ihrer Oberfläche wachsen lässt. Der entscheidende Unterschied zu den Wasserwolken, in denen Diffusionswachstum stattfindet, besteht darin, dass die Deposition viel schneller und effizienter vorangeht als die Diffusion, das heißt, dass Eiskristalle sehr viel schneller wachsen als Wassertröpfchen.

Da die Entstehung der Kristalle nur der erste Schritt bei der Bildung von Eis- oder Mischwolken ist, sehen wir uns nun die folgenden Etappen an. Was dann passiert, hängt nämlich von der Temperatur und dem Gehalt an flüssigem Wasser in der sich bildenden Wolke ab.

Gehen wir zuerst von Bedingungen im Winter oder im Gebirge in großer Höhe, also von sehr niedrigen Temperaturen, aus. Ziehen wir uns eine dicke Daunenjacke und (dunkle!)

Handschuhe an. Die einzelnen Kristalle kollidieren aufgrund der Turbulenz und ballen sich zusammen, bilden also Aggregate, die Schneeflocken. Das funktioniert besonders gut, wenn es sich um dendritische Kristalle handelt, die das Ineinander-Verhaken begünstigen. Ein Beispiel für eine ganz normale Schneeflocke zeigt Abb. 78. Beobachten wir also das Schneetreiben, strecken wir unsere Hand aus und versuchen wir, die fallenden Flocken einzufangen. Wir werden feststellen, dass es sich nie um einzelne Kristalle, sondern immer um Aggregate handelt. Tut mir leid, wenn ich hiermit eine Illusion zerstöre: Die hübschen regelmäßig verästelten Kristalle auf den Weihnachtskarten (denen von früher mit dem Glitzer drauf) sind nicht die Realität, der Schnee besteht leider viel prosaischer aus recht unförmigen Klumpen.

Wenn es etwas wärmer ist, enthält die Wolke allerdings auch noch viel flüssiges Wasser, doch aufgrund der immer noch recht tiefen Temperaturen handelt es sich um unterkühltes Wasser. Wenn flüssige Wassertröpfchen mit Eiskristallen kollidieren, kommt es zu einem außergewöhnlichen Phänomen, nämlich der Verreifung (engl. *Riming*). Was damit gemeint ist, ist nicht schwer zu verstehen. Wenn die Tröpfchen auf den Kristall treffen, gefrieren sie praktisch sofort, was die Struktur des Kristalls verändert. Die vereisten Tröpfchen verzieren die Kristalle sozusagen, wie man auf Abb. 79 sehen kann. Dass sich die Tröpfchen zuerst auf dem äußeren Teil der Kristalle (ih-

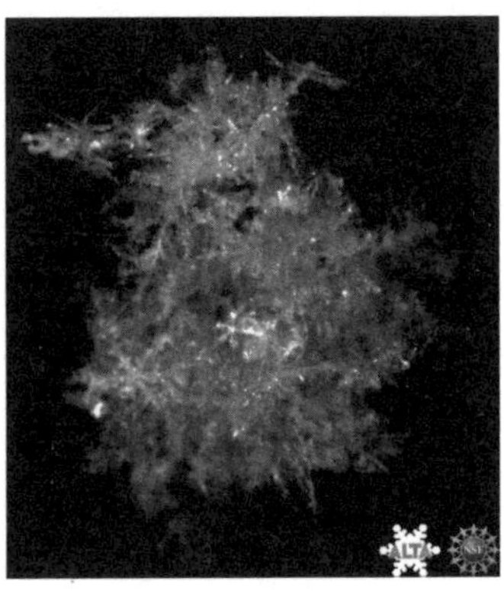

ABB. 78 Aggregat von Eiskristallen (Tim Garrett, University of Utah 2013).

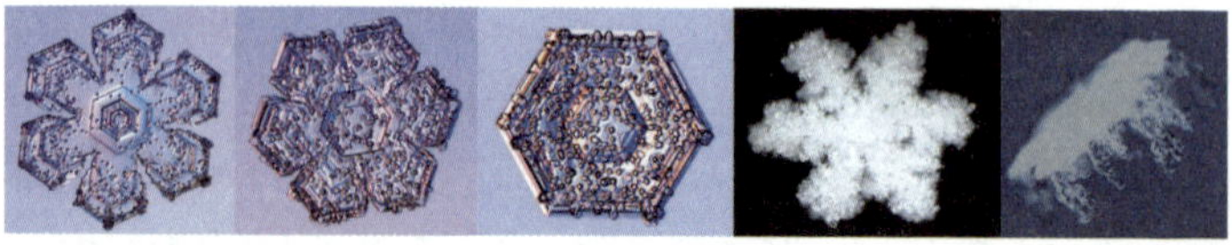

ABB. 79 Der *Riming*-Prozess bei Eiskristallen in Wolken. Von links nach rechts zeigen die ersten vier Bilder, wie eine immer größere Menge an Tröpfchen auf dem Kristall vereist und dessen Form völlig verändert (© Kenneth Libbrecht, Agf/Science Photo Library). Das fünfte Bild ganz rechts ist der Vertikalschnitt durch einen Kristall, der zeigt, dass sich die Tröpfchen in geordneten Reihen aufeinander absetzen (Charlie Knight und Comet/MetEd).

ABB. 80 Verwandlung eines Eiskristalls in eine Graupel. Von links nach rechts: erstes Stadium der Verreifung, fortgeschrittenes Stadium und eine Graupel fast im Endstadium.

rem Rand) absetzen, liegt daran, dass der Luftstrom durch den Kristall geteilt wird. Er stellt für die Luft ein Hindernis dar, weswegen sie es umfließt. Dabei nimmt sie die winzigen Tröpfchen mit und setzt sie bevorzugt auf den Rändern des Kristalls ab. Aufgrund der Turbulenz werden die Tröpfchen herumgestoßen und landen bald auf der gesamten Oberfläche der Kristalle. So entsteht eine immer weniger strukturierte rundliche, konische oder anders geformte Zusammenballung (ein typisches Beispiel auf Abb. 80), je nach Flugbahn des Hydrometeors im Luftstrom.

DIE DIVERSITÄT DES ATMOSPHÄRISCHEN EISES

Nun können wir uns mit einem weiteren Hydrometeor näher beschäftigen, den ich schon mehrfach erwähnt habe, der aber, nicht nur wegen seines etwas eigenwilligen Namens, bisher noch ein wenig rätselhaft geblieben ist: die Graupel. Hierbei handelt es sich um ein Häufchen Eis, das durch die Deposition unterkühlter Tröpfchen entstanden ist. Graupeln sind typisch für heftige Gewitter, da sie sich nur bilden, wenn viel unterkühltes Wasser zur Verfügung steht. Außerdem sind diese Hydrometeore recht schwer und brauchen aufsteigende Luftströme, um sie eine gewisse Zeit in der Luft zu halten. Beide Bedingungen erfüllen Gewitterwolken. Was unten am Boden ankommt, wird häufig falsch als Hagel bezeichnet, doch von ihm unterscheiden sich die Graupelkörnchen, wie wir gleich sehen werden. Hagelkörner haben eine komplexere, stärker gegliederte Struktur. Auf Abb. 81 sind zwei Beispiele von Graupeln am Boden zu sehen. Sie geben eine ungefähre Vorstellung davon, welche Schäden sie vor allem an Pflanzen oder Autos

ABB. 81 Zweimal mit Graupeln bedeckter Boden. Die noch nicht angetauten Körner oben haben noch ihre ursprüngliche unregelmäßige Oberfläche. Unten sind sie zum Teil schon geschmolzen, was sie glatter und regelmäßiger werden lässt.

ABB. 82 Eiskörner.

anrichten können. Auf jeden Fall sollten Sie in Zukunft immer überlegen, ob Sie es mit echtem Hagel oder Graupeln zu tun haben: Selbst die lassen sich also klassifizieren.

Doch damit sind wir noch nicht durch … Ich bin ziemlich sicher, dass Sie in Ihrem Leben bereits weitere vereiste Hydrometeore mit Hagel verwechselt haben. Tatsächlich könnte es sich um Eiskörner (engl. *Ice Pellets*) gehandelt haben, eine Unmenge winziger halbtransparenter Kügelchen, die den Boden bedecken (Abb. 82). Niederschlag aus Eiskörnern heißt Eisregen und entsteht, wenn die Schneeflocken beim Fallen in der Atmosphäre in einer Höhe zwischen 1500 und 3000 Metern auf eine Schicht treffen, deren Temperatur über dem Gefrierpunkt liegt, und schmelzen. Wenn die dann flüssigen Hydrometeore danach wieder in eine kältere Schicht fallen, gefrieren sie erneut, aber in Form durchsichtiger Eiskügelchen. Auch das sind keine Hagelkörner.

Und wenn Sie im tiefsten Winter morgens aufwachen, der Himmel blau und der Boden von einer dicken Schicht durchsichtigen Eises bedeckt ist, handelt es sich um Glatteis. Es entsteht durch den gleichen Mechanismus wie Eisregen, doch ist die kalte Luftschicht über dem Boden nur wenige Hundert Meter hoch, und die geschmolzene Flocke hat nicht ausreichend Zeit, um im Fallen wieder zu gefrieren. Wenn sie jedoch auf den über Nacht ausgekühlten Boden trifft, gefriert sie sofort. Das Ergebnis ist eine gleichmäßige spiegelglatte Eisschicht. Abb. 83 zeigt zwei dekorative Beispiele, die auch auf die Straßenverhältnisse schließen lassen. Zu Fuß gehen ist fast unmöglich und führt im Zweifelsfall zu Stürzen, die mit etwas Glück glimpflich ausgehen. Wer mit dem Auto unterwegs ist, kann sich nicht einmal mehr auf die Bremsen verlassen, sie wirken im Gegenteil sogar kontraproduktiv. Es handelt sich in der Tat um äußerst gefährliche Situationen, vor denen in den Wettervorhersagen zu Recht eindringlich gewarnt wird und die leider in den Krankenhäusern für volle Notaufnahmen (mein ältester Sohn arbeitet als Krankenpfleger in einer solchen) und Orthopädie-Abteilungen sorgen. Am besten bleibt man bei Glatteis zu Hause, und wenn man doch rausmuss, sollte man extrem vorsichtig sein.

ABB. 83 Das Ergebnis von gefrierendem Regen (Glatteis).

HAGEL!

Alle wissen, dass bei Gewitter Hagel droht, gefürchtet wegen seiner verheerenden Auswirkungen: ruinierte Pflanzen im Garten, Dellen in den Autos, kaputte Scheiben oder sogar ernsthafte Verletzungen, wenn wir unvorsichtigerweise ein Riesenkorn auf den Kopf bekommen haben. Ja, Hagel stellt eine echte Gefahr dar, insbesondere für Sommerobstkulturen. Meine Heimat, die Po-Ebene, wird häufig von Hagel heimgesucht, in Deutschland ist das Risiko besonders in den Alpen- und Mittel-

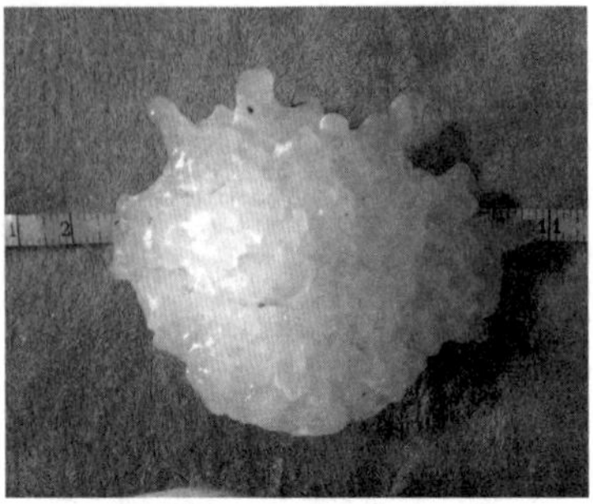

ABB. 84 Das bisher größte je gemessene Hagelkorn. Es stammt aus einem Gewitter in Vivian (South Dakota) am 23. Juli 2010. Laut Berechnungen hatte es einen Durchmesser von 28 cm, als es fiel.

gebirgsregionen groß, im Raum Stuttgart und München sowie in Nordhessen kommt es besonders häufig dazu.

Hagel entsteht in Gewitterzellen, in denen die Geschwindigkeit des Aufwinds hoch genug ist, um das sich bildende Eis zu tragen. Die Graupelbildung geht dem Hagel voraus, wie wir schon gesehen haben. Die Graupeln werden von der aufwärts strömenden Luft sehr schnell nach oben getragen und fallen, sobald sie die Oberseite der Gewitterwolke erreicht haben, aufgrund der Schwerkraft. Wenn sie die unteren Schichten der Wolke erreicht haben, werden sie erneut vom Aufwind erfasst, und der Zyklus beginnt von vorn. Es handelt sich also um ein Hin und Her zwischen den mittleren und unteren und den obersten Bereichen der Wolke, bei dem das Hagelkorn ständig weiter wächst, weil es von unzähligen Tröpfchen unterkühlten Wassers getroffen wird, die daran hängen bleiben. Im nächsten Kapitel erkläre ich das Wachstum des Hagelkorns noch genauer, aber fürs Erste genügt es zu verstehen, dass der Mechanismus derselbe ist wie bei Graupeln und eng mit dem relativen Überfluss an unterkühltem Wasser in den einzelnen Schichten des *Cumulonimbus* zusammenhängt. Das beschriebene Wachstum kann zu erstaunlich großen Hagelkörnern führen. Wichtig zu wissen: Die Größe wird in der Regel gemessen, wenn das Korn den Boden erreicht hat und schon wieder etwas abschmelzen konnte, was auf viel grö-

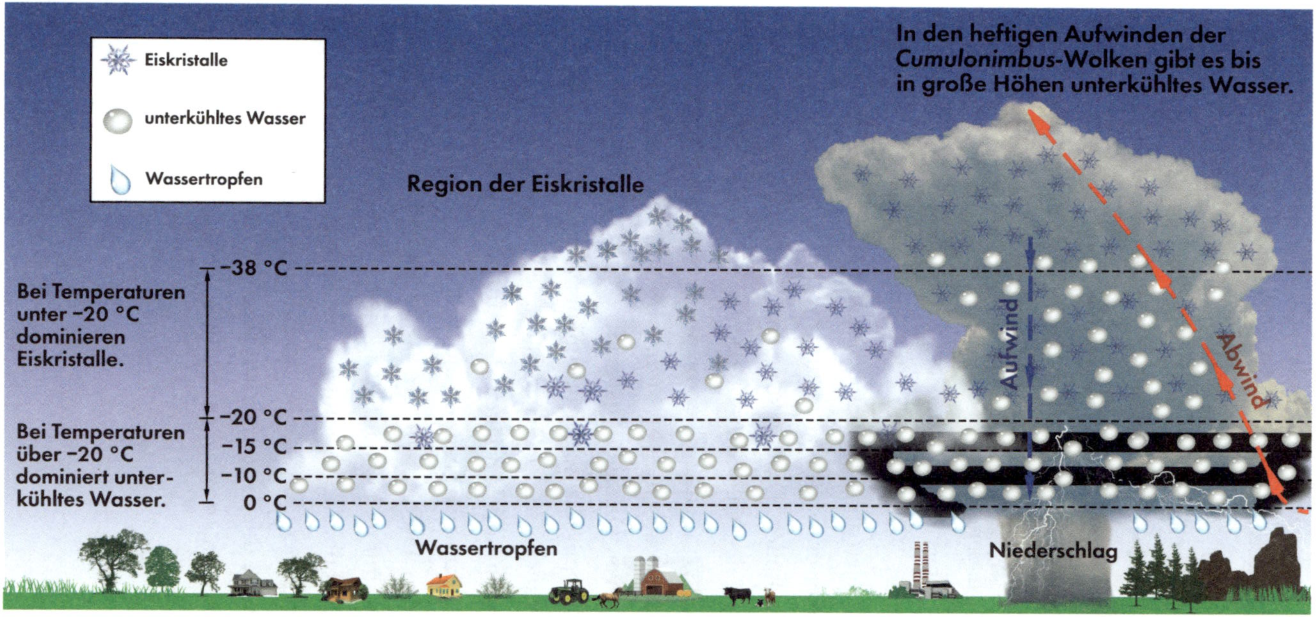

ABB. 85 Verteilung der Hydrometeore in einer *Cumulus*-Wolke (links) und einer *Cumulonimbus*-Wolke (rechts). Auffällig ist, dass wegen der heftigen Aufwinde die Tropfen bei Temperaturen deutlich unter 0 °C flüssig bleiben, im *Cumulonimbus* sogar bis ganz nach oben.

ßere Dimensionen in der Wolke schließen lässt. Das größte bisher registrierte Hagelkorn fiel bei einem Gewitter in Vivian (South Dakota) am 23. Juli 2010 (Abb. 84). Bei der Vermessung hatte es einen Durchmesser von 20,3 cm und ein Gewicht von 880 g, doch die Forschenden gehen davon aus, dass es bereits etwas geschmolzen war, als man es aufsammelte, und in der Wolke gut 28 cm maß, ein richtiges Monster also! Schon deutlich kleinere Hagelkörner sorgen schließlich für beträchtlichen Schaden.

Nach dieser kurzen Übersicht wissen Sie nun, welche Hydrometeore in Wolken anzutreffen sind und wie sie entstehen. Abb. 85 liefert anhand einer *Cumulus*- und einer *Cumulonimbus*-Wolke eine grafische Darstellung, wo sich Wasser und Eis in der Wolke befinden. Die Wolke ist von zwei idealtypischen Linien unterteilt: der Null-Grad-Grenze, die die Grenze zwischen flüssiger und gemischter Phase markiert, und einer Trennlinie bei minus 20 Grad. Hier kommt im oberen Bereich der Wolke nur noch Eis vor. Die Bildung der Hydrometeore hängt somit von den mikrophysikalischen Bedingungen innerhalb der Wolken ab, aber auch von der Dynamik des gesamten Systems, also der Anordnung und Heftigkeit der Auf- und Abwinde. Das Gewitter ist damit eine ganz eigene Welt, in der Wasser sich ständig verwandelt und nie sofort gefriert, sondern bis zu Temperaturen von etwa minus 38 Grad flüssig bleiben kann. Darüber hinaus spielt die hohe Geschwindigkeit der aufwärtsströmenden Luft eine fundamentale Rolle bei der Bildung großer gefrorener Hydrometeore (die es geraten sein lassen, schnell nach drinnen zu verschwinden, sobald man das Auto in Sicherheit gebracht hat).

FÜNF

ES REGNET (…ABER DIE REGIERUNG HAT NICHTS DAMIT ZU TUN)

Guter Geruch des Himmels
auf dem Gras,
Regen des frühen Abends.

Salvatore Quasimodo, *Gebet an den Regen*
(aus: Ed è subito sera, 1942)[12]

Es regnet, es schneit, es hagelt – ganz schön viel flüssiges und festes Wasser, das aus den Wolken auf unsere Köpfe niedergeht. Es reicht von leichtem Nieseln (fachsprachlich Sprühregen), winzigen Tröpfchen, die gerade einmal das Gesicht benetzen, bis zu sintflutartigen Güssen, die sich keinen Deut um die Regenschirme scheren, die wir ihnen wie stumpfe Waffen entgegenstrecken. Auf Englisch sagt man »It rains cats and dogs«, auf Deutsch regnet es aus Kübeln oder Eimern, und eine traditionelle italienische Redewendung lautet »Piove come Dio ci manda« (wörtlich: »Es regnet, wie Gott es schickt«). Inzwischen ist wohl klar geworden, dass nicht aus allen Wolken immerzu Niederschlag fällt. Aber welche bringen denn nun Regen und welche Schnee oder Hagel? Wenden wir also das bisher Gesagte auf die nähere Untersuchung von Niederschlagswolken an. Ich möchte zeigen, dass Niederschlag in den Tropen anders entsteht als in mittleren Breiten, dass zwischen den Niederschlägen des Winters und des Sommers große Unterschiede bestehen, dass Gewitter ganz eigenen Regeln folgen, und außerdem vieles erklären, was wir alle aus unserer Alltagserfahrung kennen, aber bisher möglicherweise nicht genügend hinterfragt haben.

Wenn es regnet, ist zumindest klar, dass die Wolke über uns ausreichend große und schwere Hydrometeore gebildet haben muss, damit sie fallen – das ist die knappe Definition von Niederschlag. Was wiederum bedeutet, dass die Tröpfchen und Eiskristalle, die wir bisher kennengelernt haben, nicht ausreichen, sondern viel größere Tropfen oder gefrorene Hydrometeore nötig sind, um bis zum Boden zu gelangen – also zu dem Niederschlag zu führen, wie wir ihn kennen. Es gibt zwei grundlegende Vorgänge bei der Bildung von Niederschlags-Hydrometeoren: einerseits in Wasserwolken, andererseits in Eis- oder Mischwolken, wie ich sie im vorigen Kapitel vorgestellt habe (für Wasserwolken könnte Ihnen auch die Bezeichnung »warme Wolken«, für Eis- und Mischwolken »kalte Wolken« begegnen). Wasserwolken befinden sich fast komplett in einer niedrigen Höhe, in der noch Temperaturen über null Grad herrschen, und bestehen daher vor allem aus flüssigem Wasser. Eine Eiswolke hat die Null-Grad-Grenze bereits unterschritten, enthält also überwiegend Eis. Wenn sie auch noch flüssiges (unterkühltes) Wasser enthält, handelt es sich um eine Mischwolke. Ich möchte nun zeigen, was diese dürren Definitionen für die Bildung des Niederschlags bedeuten, der bei uns ankommt.

WASSERWOLKEN: WERDEN DIE BEHEIZT?

Wasserwolken sind nicht deshalb warm, weil die Sonne sie aufheizt oder Ähnliches, sondern weil sie sich normalerweise über tropischen und subtropischen Gebieten befinden. Wie Abb. 86 zeigt, bildet sich Niederschlag in Wasserwolken durch den Aufstieg instabiler feuchtwarmer Luft bis zum Kondensationsniveau. In dieser Höhe vermischt sich der übersättigte Wasserdampf mit den Kondensationskernen, und es entstehen winzige Tröpfchen mit einem Durchmesser von etwa 10 Mikrometern. Da sich diese in einer mit Dampf übersättigten Umgebung befinden, wachsen sie auch durch Kondensation, das heißt, indem sich Dampf auf ihrer Oberfläche absetzt (Deposition), bis sie einen Durchmesser von 50 bis 100 Mikrometern (0,05 bis 0,1 Millimeter) erreicht haben. Diese Wolkentröpfchen sind noch weit entfernt von der Größe eines Regentropfens und fallen nicht zu Boden, da die aufsteigende Luft sie noch in der Schwebe hält. Der Vorgang, der für ein weiteres Wachstum sorgt und sie in Tropfen verwandelt, ist die *Kollision* mit anderen Tröpfchen, wodurch sich ihre Volumina vereinen – was als *Koaleszenz* bezeichnet wird. Hieraus entstehen Tropfen mit 1000 bis 2000 Mikrometern (1 bis 2 Millimetern) Durchmesser. Dieses Wachstum geht im Vergleich zum Wachstum durch die Diffusion des Dampfs sehr viel schneller, die Schwerkraft beginnt der Aufwärtsbewegung der Luft entgegenzuwirken, übersteigt sie, und *dann* beginnen die Tropfen zu fallen. Doch währenddessen geht es mit Kollision und Koaleszenz weiter, und die Tropfendurchmesser erreichen 5000 bis 7000 Mikrometer (5 bis 7 Millimeter). Nun sind sie instabil, da ihre Oberflächenspannung ihre Wassermasse nicht mehr zusammenhalten kann,

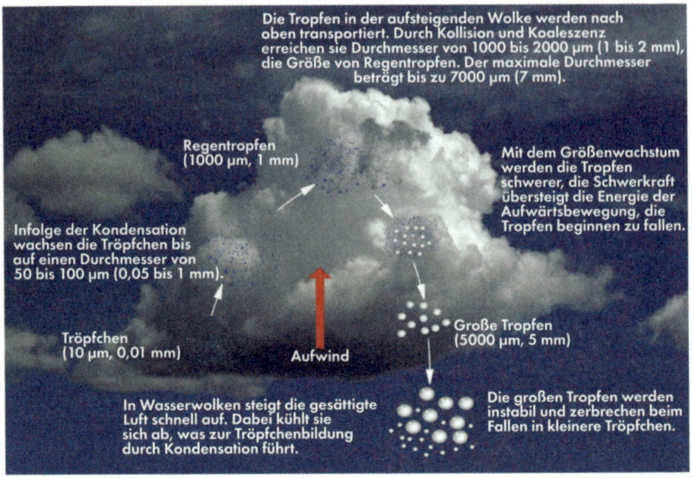

ABB. 86 Niederschlagsbildung in Wasserwolken.

weswegen die Tropfen auf ihrem Weg nach unten wieder zu kleineren Tropfen zerfallen *(Break-up)*. Die (immer noch recht) großen Tropfen erreichen den Boden in Form des für die Tropen so typischen Regens. Das also ist der »warme« Regen: die Platzregen oder Wolkenbrüche, die in tropischen Regenwäldern (am Amazonas und in Südostasien) regelmäßig am Nachmittag niedergehen, für die üppige Vegetation in der grünen Lunge unseres Planeten sorgen und die großen Ströme wie Amazonas, Nil, Ganges, Brahmaputra, Mekong und andere anschwellen lassen.

JETZT WIRD'S KALT: EIS- UND MISCHWOLKEN

Auch wenn Europa sich nicht in den Tropen befindet, bedeutet dies definitiv nicht, dass es bei uns nicht regnet. Der Niederschlag bildet sich jedoch in Eis- oder Mischwolken (Abb. 87).

In mittleren und hohen Breiten, also außerhalb der tropischen Zone, durchläuft der Niederschlag immer die Eisphase, selbst im Hochsommer, wenn wir unten am Boden vor Hitze nach Luft schnappen. Hätten Sie das gedacht? Unter solchen Bedingungen verläuft die Niederschlagsbildung allerdings etwas komplizierter, weil neben dem flüssigen Zustand auch noch die Physik des Eises hineinspielt.

Eine Eis- oder Mischwolke kann genau wie eine Wasserwolke entstehen, indem sich aus Kondensationskernen und übersättigtem Dampf Tröpfchen bilden, die dann durch Kondensation und später Kollision/Koaleszenz wachsen. Zu diesem Zeitpunkt haben die Tröpfchen jedoch eine Höhe erreicht, in der die Temperatur unter null Grad fällt. Sie beginnen also zu gefrieren, wenn auch nicht spontan, da sie vom Aufwind sehr rasch nach oben transportiert werden. Erinnern wir uns an die im letzten Kapitel erwähnte Tiefkühltruhe und das Vereisen der Tröpfchen. Wegen der aufsteigenden Luft und der großen Zahl an Tröpfchen vereist die Wolke erst bei etwa minus 15 Grad, einer Temperatur, bei der die Eiskristalle in einer aufs Wasser bezogen gesättigten, aufs Eis bezogen übersättigten Umgebung maximal wachsen.

In dieser Höhe, bei Temperaturen zwischen 0 und –15/–20 Grad, bildet sich Eis auch direkt aus Dampf, der sich auf Eiskeimen absetzt. Diese werden zu Kristallen, die wiederum gemeinsam mit den gefrorenen Wassertropfen durch Dampfdeposition wachsen. Das geschieht durch die Kondensation sehr rasch, und die Kristalle erreichen eine beträchtliche Größe. Im Labor lässt sich genau beobachten, wie sie kontinuierlich größer werden, sich in alle Richtungen verästeln und in zerbrechliche Skulpturen von großer Eleganz verwandeln – wer wie ich bei solchen Experimenten anwesend war, wird diese

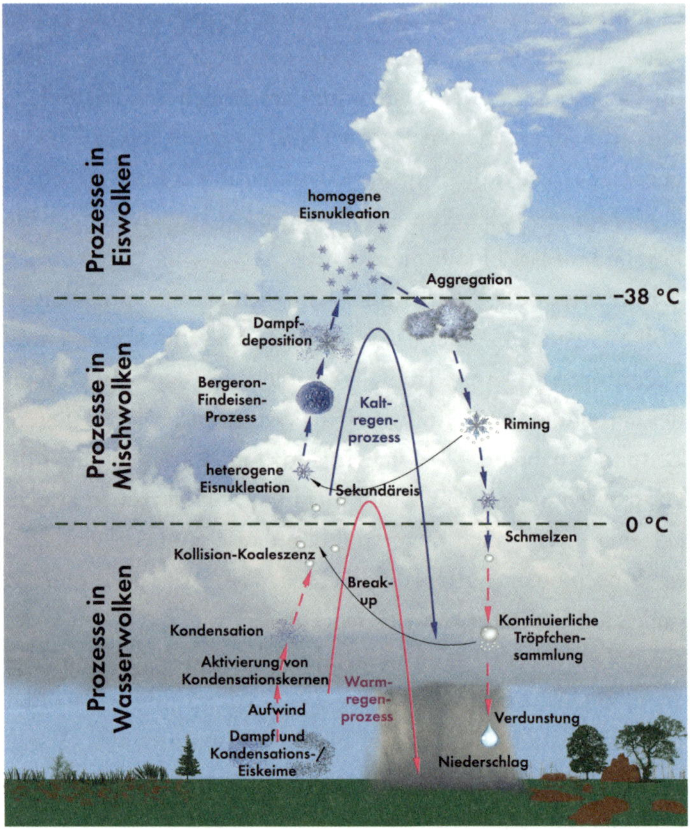

ABB. 87 Entstehung von Regen in Wasserwolken sowie in Eis-/Mischwolken. Die jeweiligen Prozesse können in unterschiedlichen Wolken ablaufen, aber auch nebeneinander bzw. in Wechselwirkung in ein und derselben Wolke.

Faszination nie mehr vergessen. Eine Vorstellung von der Schönheit der Eiskristalle kann man auch aus den Büchern von Kenneth Libbrecht gewinnen, der ihre Pracht in beeindruckenden Fotografien zur Geltung bringt.

Wie wir bereits wissen, ist die Wolke normalerweise in jenem Moment noch nicht komplett vereist, sondern enthält noch viel unterkühltes Wasser. Bei entsprechendem Dampfdruck (dem sogenannten Sättigungsdampfdruck) befinden sich die Tröpfchen in einem Gleichgewicht zwischen Verdunstung und Kondensation, und das führt bei den Kristallen zu mehr Deposition und weniger Sublimation (das ist der Prozess, bei dem das Eis ohne Zwischenschritt über den flüssigen Zustand sofort in den gasförmigen Zustand übergeht). Die Eiskristalle wachsen also durch Deposition von Dampf, den sie der Atmosphäre entziehen, und bewirken ein Schrumpfen der Tröpfchen, die verdunsten, wobei sie diesen Dampf liefern. Die Kristalle können so hinreichend groß und schwer werden, um in die unteren Bereiche der Wolke zu fallen. Dieser Vorgang wird nach seinen Entdeckern als Bergeron-Findeisen-Prozess, auch Wegener-Bergeron-Findeisen-Prozess, bezeichnet. Der Deutsche Alfred Wegener, der vor allem durch die Entdeckung der Kontinentaldrift bekannt geworden ist, stellte als Erster eine Theorie zu dieser Art der Niederschlagsbildung auf, die der Schwede Tor Bergeron und der Deutsche Walter Findeisen dann in der ersten Hälfte des 20. Jahrhunderts formalisierten. Auf Abb. 88 ist der Prozess mit der jeweiligen Rolle der Deposition des Dampfes, der Sublimation des Eises und der Kondensation/Verdunstung der Tröpfchen dargestellt.

Nun gibt es im oberen Teil der Wolke eine riesige Menge Eiskristalle. Die Kristalle wachsen durch Dampfdeposition weiter, stoßen aber zugleich mit anderen Kristallen zusammen und bilden Aggregate (Schneeflocken). Diese Aggregate sind die Basis für das, was unter geeigneten Temperaturbedingungen zu Schneefall bis auf den Boden führt.

Doch die Geschichte ist hier noch nicht zu Ende. Wir dürfen nicht vergessen, dass in diesen Wolken immer noch unterkühltes Wasser lauert, das sich standhaft weigert zu gefrieren. Die

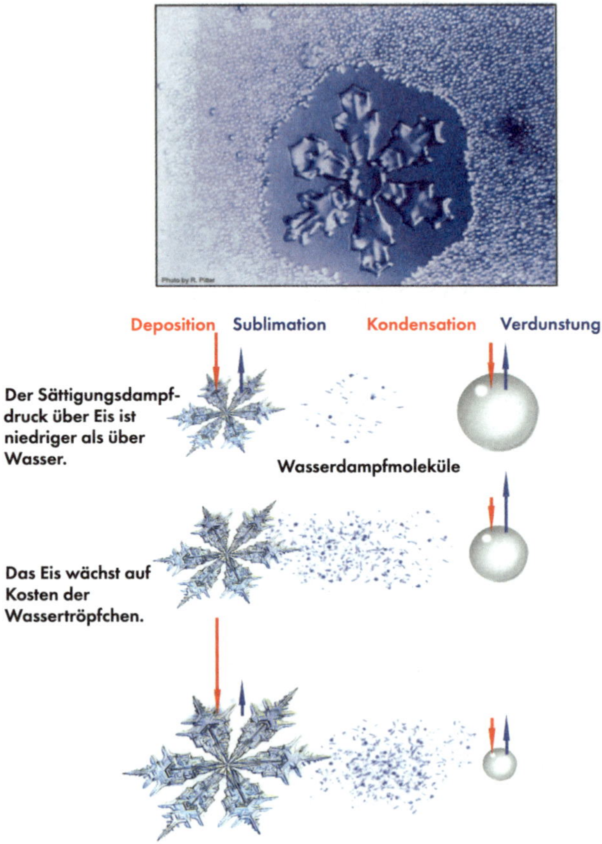

ABB. 88 Kristallwachstum in Wolken auf Kosten von unterkühlten Wassertropfen (Foto des Eiskristalls von Richard L. Pitter, Desert Research Institute, Reno). Die Länge der Pfeile symbolisiert die jeweilige Bedeutung der Dampfdeposition auf den Kristallen bzw. Kondensation auf den Tröpfchen (rot) und der Sublimation der Kristalle/Verdunstung der Tröpfchen (blau).

unterkühlten Tröpfchen treffen auf die fallenden Einzelkristalle oder Aggregate und führen zu dem bereits beschriebenen Vereifungsprozess, der sie rasant wachsen lässt.

Der vereiste Hydrometeor wird durch die Schwerkraft schnell

nach unten gezogen und gelangt in den Bereich unterhalb der Null-Grad-Grenze. Wenn diese sich in großer Höhe befindet, hat der Hydrometeor Zeit, komplett zu schmelzen, und erreicht den Boden als Regentropfen. Wenn diese Grenze jedoch weit unten liegt oder die Temperatur der Atmosphäre generell sehr niedrig ist (im Winter zum Beispiel), schmilzt das Aggregat nicht ganz oder gar nicht, und wir bekommen Schnee.

Ein weiterer wichtiger Aspekt ist die Bildung von Sekundärtropfen oder Sekundärkristallen: Diese entstehen nicht durch die eben geschilderten primären physikalischen Mechanismen, sondern als deren Nebenprodukt. Sekundäre Tröpfchen entstehen beispielsweise durch das Zerbrechen *(Break-up)* sehr großer und instabiler Tropfen. Daraus entstehen große Mengen mittlerer und kleiner Tröpfchen, die wieder in den primären Zyklus in der Wolke eingespeist werden. Das Gleiche widerfährt auch den Kristallen beim *Riming*: Wenn sich an ihnen sehr fragile Höcker bilden, können auch diese durch den Zusammenstoß mit anderen Eiskristallen oder spontan abbrechen. Das so entstandene Eis sieht oft sehr unregelmäßig und unvollständig aus, fast wie kaputtes Spielzeug. Dieser Prozess wird als Splittern (engl. *Splintering*) bezeichnet.

Wie Abb. 87 deutlich macht, sind die verschiedenen Prozesse nicht eindeutig jeweils den Wasser-, Eis- und Mischwolken zuzuordnen. Während einerseits der Kaltregenprozess in Wasserwolken sehr unwahrscheinlich ist, weil sie dazu einfach zu warm sind, kann andererseits in den unteren Bereichen von Eiswolken, wo die Temperaturen höher sind, leicht der Warmregenprozess ablaufen. Insofern können beide Prozesse in der gleichen Wolke stattfinden und bei der Produktion von Niederschlag zusammenwirken. Letztlich sind die Dinge selten so simpel, wie wissenschaftliche Theorien sie gerne darstellen.

Sehr häufig kommt es durch das Zusammenspiel der beiden vorgestellten Prozesse in einer Wolke zum sogenannten *Seeder-Feeder*-Effekt, bei dem die Wolke sich zur Hervorbringung von Niederschlag sozusagen selbst befruchtet. Das ist vor allem bei Winterwetter, allgemein im Norden oder bei Niederschlagswolken in Interaktion mit der Orografie der Fall. Die Eiswolken produzieren in der Höhe Eiskristalle, die bis zu einer Größe anwachsen, die zu Niederschlag führt. Beim Fallen treffen sie auf eine Schicht mit viel unterkühltem Wasser. Dort fungieren sie als Eiskeime, was unter geeigneten Bedingungen zu einer Vervielfachung des Eises führt, was die Intensität des entstehenden Schneefalls beträchtlich steigern kann. Dieser Vorgang kann das unterkühlte Wasser in den unteren Schichten der Wolke innerhalb von etwa 20 Minuten komplett eliminieren.

DORT OBEN GIBT ES NICHT NUR REGEN

Was nun mit den anderen Hydrometeoren ist, die ich im 4. Kapitel vorgestellt habe? Nur Geduld, zu denen kommen wir noch. Wenn es um die null Grad oder darunter hat, muss man genau verstehen, welche Bedingung in und unter der Wolke herrschen, um die Art des Niederschlags auf dem Boden richtig zu interpretieren. Und das ist nicht ganz so einfach. Vor allem sollte man den Weg berücksichtigen, den die Eiskristalle von der Unterseite der Wolke bis zum Boden zurücklegen. In Abb. 89 sind sämtliche Möglichkeiten dargestellt.

Beginnen wir mit dem winterlichen Regen. In diesem Fall fällt aus der Wolke Schnee, der auf eine relativ warme Schicht (über null Grad) trifft, die bis zum Boden reicht. Die Eiskristalle schmelzen komplett, und der Niederschlag fällt in Form von Regen.

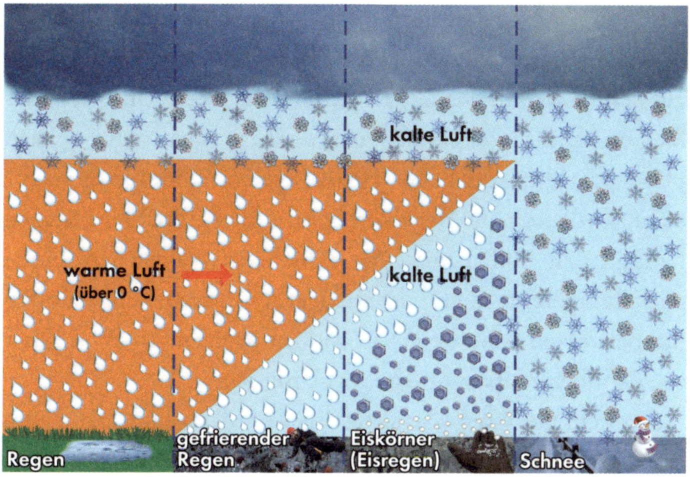

ABB. 89 Typologie der Niederschläge im Winter.

Wenn die warme Schicht zwar nicht bis zum Boden reicht, aber so umfangreich ist, dass nur eine relativ dünne Schicht kalter Luft Bodenkontakt hat, sieht es anders aus. Der Schnee schmilzt dann komplett, während er die warme Schicht passiert, und wird zu Regen, als der er auch auf dem Boden ankommt, weil er nicht genug Zeit hat, um wieder zu gefrieren. Der Boden ist in den Stunden zuvor durch die kalte Luft direkt über ihm ausgekühlt. Somit gefriert der Regen beim Kontakt sofort, und es entsteht Glatteis. Dies passiert vor allem in den kältesten Wintermonaten in den frühen Morgenstunden nach einer spürbaren nächtlichen Abkühlung, und wie ich schon im vorigen Kapitel betont habe, sollte man in dieser Situation weder mit dem Auto noch zu Fuß unterwegs sein.

Eisregen fällt dagegen dann, wenn die warme Schicht dünner ist und sich in der Höhe (direkt unterhalb der Wolke) befindet. Dann nämlich schmilzt darin der aus der Wolke fallende Schnee, hat aber alle Zeit der Welt, um in der kalten Schicht darunter wieder zu gefrieren. Die halb geschmolzenen Tropfen oder Schneekristalle formen die Eiskörner, die beim Auftreffen auf den Boden ihr charakteristisches Ticken ertönen lassen, das Sie bestimmt schon einmal gehört haben. Auch wenn es nach Hagel aussieht, ist es keiner, denn diese Form des Eisregens entsteht ganz anders als Hagelkörner oder Graupeln. Der Eisregen bedeckt den Boden mit einer Schicht aus Kügelchen, die je nach Temperatur mehr oder weniger transparent sind. Für den Straßenverkehr sind sie etwas weniger problematisch als Glatteis, dennoch muss man sehr vorsichtig sein.

Aus dem Gesagten lässt sich schließen, dass es nur dann zum klassischen Schneefall kommt, wenn keine Schicht warmer Luft vorhanden ist und die Eiskristalle als Aggregate (Schneeflocken) zu Boden fallen. Die Null-Grad-Grenze befindet sich in diesen Fällen normalerweise in der Nähe des Bodens, der auch eine Temperatur knapp unter null Grad haben kann.

NOCH MEHR EIS, ABER BESONDERS GEFÄHRLICHES

In der kalten Jahreszeit zwischen Herbst und Frühling gibt es je nach Breitengrad noch ein weiteres Phänomen, das Aufmerksamkeit verdient und den Luftaufsichtsbehörden große Sorgen bereitet. Wolken können, wie mehrfach betont, große Mengen unterkühltes Wasser enthalten. Was passiert, wenn wir solche Wolken an Bord eines Flugzeugs durchfliegen? Eine für den Luftverkehr sehr relevante Frage, die man bis vor einigen Jahrzehnten gar nicht beantworten konnte. Erst nach einigen tragischen Unfällen weiß man es inzwischen besser. Die unterkühlten Tröpfchen treffen auf die Flügel und den Rumpf des

ABB. 90 Vereisung von Flugzeugflügeln durch unterkühlte Wolkentröpfchen (links) und das Besprühen mit Frostschutzmittel vor dem Start (rechts).

Flugzeugs und bilden darauf, wenn nichts dagegen unternommen wird, sofort eine recht dicke Eisschicht. Dieses Eis beeinträchtigt die Tragfähigkeit der Flügel, was unmittelbare Auswirkungen auf den Flug hat, wie mehrere Flugzeugabstürze mit zahlreichen Toten bewiesen. In Italien ist ein Unfall vom 15. Oktober 1987 in Erinnerung geblieben. Um 19.28 Uhr stürzte die ATR-42–312 auf dem Flug nach Köln/Bonn kurz nach dem Start in Mailand am Conca di Crezzo in den Comasker Alpen ab. Das Flugzeug passierte mit niedriger Geschwindigkeit eine Wolke unterkühlter Tröpfchen, was zu Strömungsabriss nach Vereisung der Flügel führte. Es starben drei Besatzungsmitglieder und 34 Passagiere. Das erklärt, warum diesem Problem so große Bedeutung beigemessen wird und Flüge im Winter manchmal verspätet abheben. Beim Blick aus dem Fenster kann man dann Bodenpersonal auf einem Kran sehen, das die Flügel der Maschine mit einer dem Frostschutzmittel für Autos vergleichbaren Flüssigkeit besprühen. Das verhindert größere Eisablagerungen während des Flugs durch Wolken. Moderne Flugzeuge sind außerdem mit beweglichen Bauteilen ausgestattet, die der Pilot in Gang setzt, um eventuelles Eis auf mechanischem Weg zu brechen. Abb. 90 zeigt links ein Flugzeug mit einer durch unterkühlte Tröpfchen verursachten Vereisung der Flügel sowie rechts die Besprühung mit Frostschutzmittel am Flughafen vor dem Start.

WIE HAGEL ENTSTEHT

Wir wissen bereits, dass in einer Gewitterwolke mit schnellem Aufwind die Hydrometeore beachtliche Größen und Gewichte erreichen können: Es handelt sich um Graupeln und Hagelkörner. Auch in diesem Fall spielt unterkühltes Wasser als Hauptzutat für das Wachstum eine entscheidende Rolle (Abb. 91). Der Aufwind trägt die Tröpfchen nach oben, wo sie zu gefrieren beginnen, sobald sie die Null-Grad-Grenze erreicht haben. Der Bergeron-Findeisen-Effekt lässt die Kristalle auf Kosten des unterkühlten Wassers rasch wachsen, und es bilden sich schwammige, fast runde Eisembryos. An diesem Punkt beginnt das eigentliche Wachstum der Eiskeime, weil die auf sie treffenden unterkühlten Tröpfchen an ihnen haften bleiben, während der nach wie vor schnelle Aufwind die größer werdenden Körner in der Höhe hält. Da sie immer schwerer werden, beginnen sie zu fallen, wobei sie möglicherweise in den Abwind geraten. Das bedeutet allerdings noch nicht, dass sie definitiv auf dem Boden landen. Wenn ein Hagelkorn nochmals in den Aufwind gelangt, wird es wieder in die Höhe transportiert und wächst weiter.

Wenn in den oberen Bereichen der Wolke viel unterkühltes Wasser zur Verfügung steht, setzt es Wärme frei, weswegen das Gefrieren langsamer vor sich geht und transparentere Schichten entstehen. Wenig unterkühltes Wasser bedeutet dagegen weniger freigesetzte Wärme, die Tröpfchen gefrieren auf den entstehenden Körnern sofort und bilden opakere Schichten. Ein Hagel-

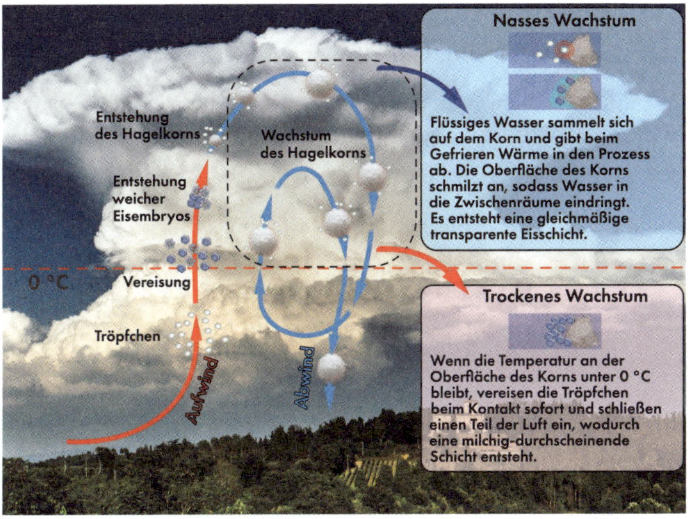

ABB. 91 Die Entstehung des Hagels.

korn ist somit nach dem Zwiebelprinzip in Schichten aufgebaut., die mehr oder weniger dicht sind, wie man in Abb. 92 anhand des Querschnitts durch ein auf natürlichem Wege entstandenes Hagelkorn sehen kann. Nun ist klar, warum ich im letzten Kapitel mehrfach betont habe, dass zwischen Hagelkörnern und Graupeln ein Unterschied besteht. Gehen Sie also bei sich bietender Gelegenheit einmal hinaus und sehen Sie sich die Gebilde, die den Boden bedecken, genauer an. Auch mit bloßem Auge lässt sich erkennen, ob die Kugel aus konzentrischen und unterschiedlich transparenten Schichten besteht. Wenn nicht, handelt es sich ver-

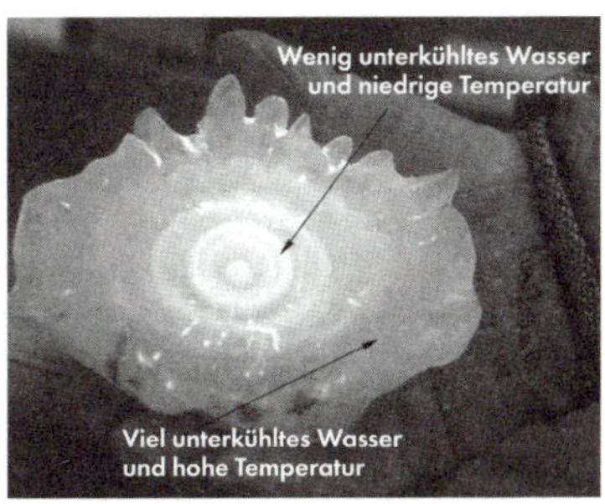

ABB. 92 Ein natürliches großes Hagelkorn, nach dem Zwiebelprinzip in Schichten aufgebaut

mutlich nicht um Hagel. Nicht alle Gewitter sorgen für Hagel, aber wenn Hagel fällt, dann immer aus Gewitterwolken, da die Körner nur entstehen können, wenn sehr kräftiger Aufwind sie in der Luft hält – es handelt sich nämlich um die schwersten der bisher beschriebenen Hydrometeore.

AUS MANCHEN WOLKEN REGNET ES, AUS ANDEREN NICHT

Sie wissen nun, auf welche Arten von Niederschlag Sie sich einstellen können, aber noch nicht, welche Wolken ihn üblicherweise hervorbringen. Das Wichtigste: Es sind vor allem zwei Wolkengattungen, aus denen der überwiegende Teil des Niederschlags fällt, nämlich *Nimbostratus* und *Cumulonimbus*. Das Präfix bzw. Suffix *Nimbo-/-nimbus* verweist darauf. *Cumulonimbus*-Wolken sind in der Regel dunkel und ragen turmartig auf, während *Nimbostratus*-Wolken eine kompakte, bedrohliche, den Himmel bedeckende Schicht bilden. Hin und wieder können jedoch auch andere Wolken Niederschlag generieren. Einen zusammenfassenden Überblick mit Angaben zur Art des Niederschlags bietet Tab. 2.

Gattung	**Niederschlagstyp**
Cirrus	kein Niederschlag
Cirrocumulus	kein Niederschlag
Cirrostratus	kein Niederschlag
Altocumulus	in der Regel kein Niederschlag, selten Sprühregen oder leichter Regen, der oft den Boden gar nicht erreicht *(virga)*

Gattung	Niederschlagstyp
Altostratus	in der Regel kein Niederschlag; Vorbote einer sich nähernden Front; verhält sich teilweise wie *Altocumulus*
Nimbostratus	starker und anhaltender Regen; je nach Jahreszeit und Temperatur Regen oder Schnee; bei entsprechenden winterlichen Verhältnissen gefrierender Regen oder Eisregen möglich
Stratocumulus	in der Regel kein Niederschlag; gelegentlich leichter Regen oder Schneefall; zeigt häufig Beginn oder Ende einer Störung an
Stratus	gelegentlich leichter Regen, häufig in Form von Sprühregen oder Dunst
Cumulus	*Cumulus congestus* kann leichten Regen bringen, aber nicht genug, um als *Nimbus* klassifiziert zu werden
Cumulonimbus	zeitweiliger heftiger Niederschlag im Zusammenhang mit einer starken Störung; starker, teils sintflutartiger Regen, gelegentlich Graupeln oder Hagel

TAB. 2 Die hauptsächlichen Niederschlagswolken und der für sie typische Niederschlag. Wie man sieht, fällt der überwiegende Teil des Niederschlags aus Wolken mit dem Präfix/Suffix *Nimbo-/-nimbus*.

Stellen wir uns eine Niederschlagswolke wie eine Maschine vor, die Wasserdampf in Niederschlag verwandelt, der den Boden erreicht. Eine Maschine verfügt über eine bestimmte Betriebseffizienz – wie sieht diese bei einer solchen Wolke aus? Ich schicke voraus, dass es dafür in der Meteorologie keine wissenschaftlich allgemein anerkannten Zahlen gibt, aber ein paar grundsätzliche Überlegungen lassen sich durchaus anstellen. Mit Daten aus Florida und Ohio wurde berechnet, dass durchschnittlich 900 000 Tonnen Wasserdampf in eine Gewitterwolke strömen. Davon kondensieren etwa 500 000 Tonnen, der Rest verlässt die Wolke wieder, ohne zu kondensieren. Von der Gesamtmenge kondensierten Wassers erreichen nur 100 000 Tonnen als Regen den Boden. Der Rest des Kondensats verdunstet im Abwind oder über die Außenwände der Wolke. Wenn wir die Niederschlagseffizienz als das Verhältnis von Regenmenge, die den Boden erreicht, und der anfangs zur Verfügung stehenden Dampfmenge definieren, liegt sie bei mageren 11 Prozent. Wenn wir die Niederschlagseffizienz dagegen als das Verhältnis von Niederschlagswasser zu kondensiertem Wasser definieren, steigt sie auf 19 Prozent. So oder so sind das recht niedrige Zahlen. Es handelt sich also um keinen besonders effizienten Prozess, der aber am Laufen gehalten wird, weil eine immense Menge Wasserdampf und Aerosolpartikel im Spiel sind. Insofern brauchen wir uns keine Sorgen zu machen – es wird irgendwie weiterregnen. Abgesehen davon würde eine größere Effizienz dieses Prozesses uns umgekehrt der Gefahr aussetzen, bei jedem Regen zu ertrinken.

FLASH!

Den Überblick darüber, was so alles aus den Wolken kommt, können wir natürlich nicht beenden, ohne uns mit einem speziellen Aspekt von Gewitterwolken zu beschäftigen, nämlich dem, der die meisten Menschen besonders erschreckt: dem Blitz. Vorausschicken möchte ich, dass es den häufig gemachten Unterschied zwischen Blitz und Wetterleuchten nicht gibt – das ist beides dasselbe. Beim Wetterleuchten schlägt der Blitz nicht im Boden, sondern in einer benachbarten Wolke ein. In der Meteorologie wird zwischen zwei Blitzen unterschieden: dem Erdblitz, auch Wolke-Erde-Blitz (*cloud-to-ground lightning*, Abk. CTG), und dem Wolkenblitz, auch Wolke-Wolke-Blitz (*intra-cloud-lightning*, Abk. IC).

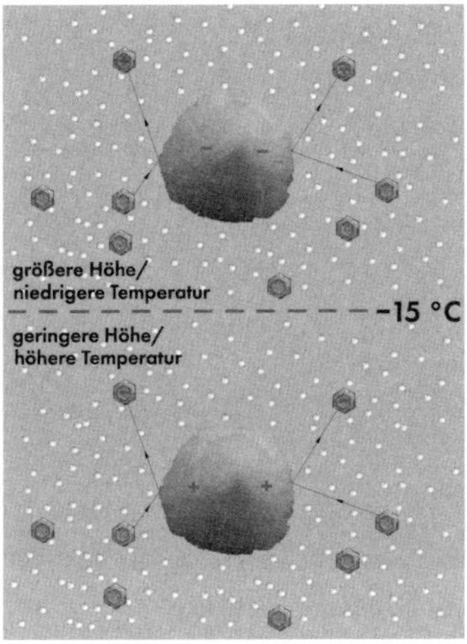

ABB. 93 Mechanismus der Trennung von positiver und negativer Ladung in Wolken in großer Höhe bzw. bei niedriger Temperatur (oben) und in Wolken in niedriger Höhe bzw. höherer Temperatur (unten).

Blitze kommen bei Gewittern sehr häufig vor und tragen entscheidend dazu bei, die Balance der elektrischen Ladung unserer Atmosphäre wiederherzustellen. Denn tatsächlich ist die Erdatmosphäre einem ständigen Zustrom positiver Ladungen unterworfen, die aus dem Weltraum kommen und die im Durchschnitt negative Ladung der Erdoberfläche innerhalb von fünf bis sechs Minuten neutralisieren würden. Das System Erde wäre damit nicht mehr elektrisch geladen, und das hätte alles andere als positive Folgen: Kommunikationstechnik wäre unmöglich, da die Radiowellen von der Ionosphäre nicht reflektiert würden und somit keine weiten Strecken überwinden könnten. Glücklicherweise gibt es etwa 250 Blitze pro Sekunde, von denen 50 Erdblitze sind. Diese transportieren große Mengen elektrischer Ladung und stabilisieren das System.

Was passiert in einer Wolke, um die Blitzentladung auszulösen? Dazu ist ein Mechanismus nötig, der die Wolke bis zum sogenannten ionisierenden Potenzial auflädt, das heißt dem elektrostatischen Potenzial, das die Ionisierung der Umgebung und die Entladung ermöglicht. Es gibt viele Mechanismen der Ladungstrennung in Wolken, der effizienteste mikrophysikalische Prozess findet durch die Kollision von sich bildenden

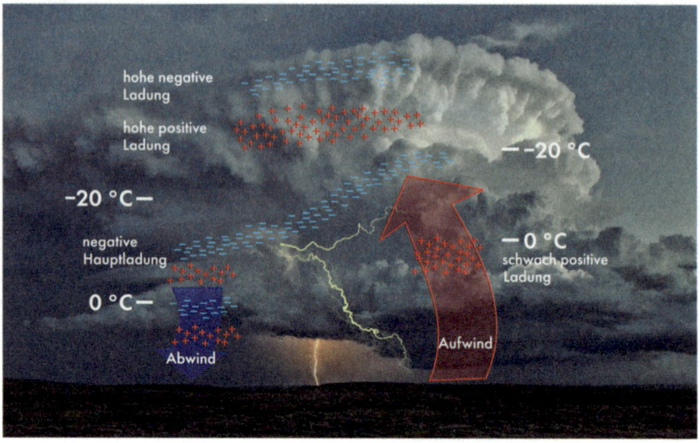

ABB. 94 Ladungsstruktur einer Gewitterwolke.

Graupeln und Eiskristallen bei Temperaturen von minus 15 bis minus 20 Grad statt (Abb. 93). Bei Temperaturen über minus 15 Grad (in niedrigerer Höhe) laden sich die Kristalle beim Zusammenstoß negativ auf, die Graupeln positiv; umgekehrt verhält es sich in größerer Höhe bei niedrigeren Temperaturen. Dies passiert in Wolken mit einem großen Anteil unterkühlten Wassers, in denen sich parallel Graupeln und Eiskristalle bilden. Die Ladungstrennung geht sehr schnell, sodass sich in der Höhe, in der eine Temperatur von etwa minus 20 Grad herrscht, eine riesige Menge negativer Ladung sammelt (Abb. 94).

Zugleich hat eine Gewitterwolke einen mehr oder weniger dreipoligen Aufbau, mit überwiegend positiver Ladung im oberen und unteren Bereich und negativer in den mittleren Bereichen, wo das Eis durch Deposition von unterkühlten Tröpfchen wächst. Wenn das Gewitter sich dem Reifestadium nähert, akkumulieren sich die Graupeln aufgrund ihres Gewichts im unteren Bereich, werden aber aufgrund des Aufwinds wieder nach oben katapultiert. Mit der Zeit führt der Ladungsmecha-

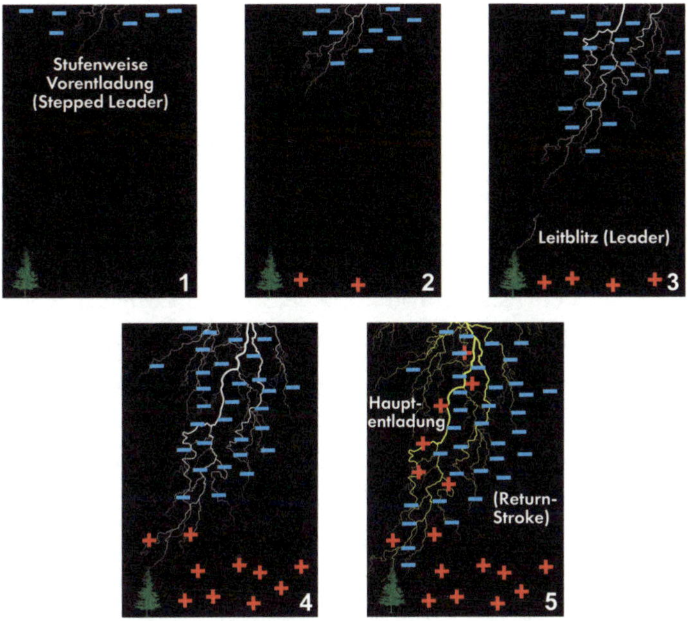

ABB. 95 Zeitlicher Verlauf der Blitzentladung.

nismus zu Bereichen mit sehr hoher Spannung. Ergebnis sind ein Bereich weiter oben mit einem Elektronendefizit und ein Bereich weiter unten mit einem Elektronenüberschuss. Die Erdoberfläche hat in der Nähe des Gewitters eine vor allem positive Ladung, verursacht von der negativen Ladung in der Wolkenbasis. So entsteht eine elektrische Spannung, die die Leitfähigkeit der Luft zwischen Wolke und Erde bewirkt: Das ist sozusagen eine Autobahn für die Elektronen und die Entladung.

In diesem Stadium wird ein ionisierter Kanal aufgebaut, der Leitblitz (Abb. 95-1), den das menschliche Auge nicht sehen kann, der aber die Elektronen von der Wolke zur Erde leitet. Er besteht aus einem verästelten Zickzack von 50 bis 100 Meter langen Abschnitten. Vom Boden, vorzugsweise von einem in die Höhe ragenden Objekt (wie Turm, Baum oder ein anderes tendenziell spitzes Objekt, das auch ein Blitzableiter sein kann), verläuft eine positiv geladene Fangentladung in die Höhe (Abb. 95-3). Wenn sich Leitblitz und Fangentladung treffen, können die Elektronen frei bis zum Boden fließen, die positive Ladung in die umgekehrte Richtung. Dies nun ist der eigentliche Blitz, die Hauptentladung (Abb. 95-5), die wir auch sehen können. Möglicherweise wiederholt sich dieser Ablauf drei bis vier Mal in kürzesten Abständen während einer Dauer von 200 Millisekunden (1 Millisekunde = 1 Tausendstelsekunde) über den vorbereiteten Blitzkanal und gibt entlang der Hauptentladung negative Ladung ab.

Abgesehen von diesem Hauptmechanismus, der bei Gewittern zur Blitzentladung führt (Negativblitze), existieren jedoch auch positiv geladene Blitze (Positivblitze). Dann ist der Blitz, den wir sehen, eine Entladung von der Erde zur Wolke. Wenn wir dies anders wahrnehmen, liegt es daran, dass das menschliche Auge nicht schnell genug ist, um das Phänomen zu erfassen. Man bräuchte dafür eine extrem empfindliche Kamera mit Stroboskopblitz, die in extrem rascher Folge auslöst.

DA OBEN GEHT'S GANZ SCHÖN SELTSAM ZU

Darüber hinaus gibt es einige elektrische Wetterphänomene in der Atmosphäre, die wir vom Boden aus nicht sehen können. Bei diesen Leuchterscheinungen ist enorme Energie im Spiel, und sie können bis in große Höhen reichen – die normalen Blitze, die manche Menschen so furchterregend finden, sind nichts dagegen (Abb. 96).

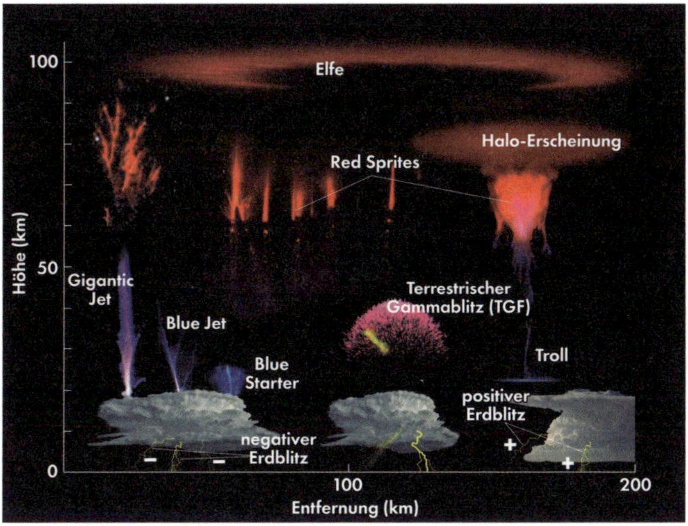

ABB. 96 Elektromagnetische Phänomene in der Atmosphäre im Zusammenhang mit Gewittern.

Blue Jets (»blaue Strahlen«) entstehen, wenn über einem Gewitter ein kosmischer Strahl mit einem Luftmolekül kollidiert und einen Regen schneller Elektronen verursacht. Das oberhalb der Wolke nach oben gerichtete elektrostatische Feld kann die Elektronen so beschleunigen, dass ihre Energie zur Emission blauen Lichts führt. Die Jets sind normalerweise schmale Lichtkegel, die von 100 Mikrosekunden (1 Mikrosekunde entspricht einer Millionstelsekunde) bis zu 1 Millisekunde dauern können. Sie treten in Höhen unter 40 Kilometern in Erscheinung, können jedoch auch noch größere Höhen erreichen *(Gigantic Jets)*.

Zu *Red Sprites* (Roten Kobolden) kommt es, so vermutet man, wenn eine ungewöhnlich heftige Blitzentladung der Wolkenoberseite die gesamte negative Ladung entzieht. Dadurch entsteht ein starkes elektrostatisches Feld zwischen Wolkenoberseite und Ionosphäre. Da die Atmosphäre in dieser Höhe nur eine geringe Dichte aufweist, werden die Elektronen beschleunigt und erreichen die nötige Geschwindigkeit, um ihre Energie auf die umgebenden Moleküle zu übertragen, die in einen Erregungszustand versetzt werden und ihre Energie in Form von rotem Licht abgeben. Sie kommen in Höhen zwischen 50 und 90 Kilometern vor, ihre Dauer variiert zwischen 1 und 10 Millisekunden. Manchmal zeigt sich oberhalb der Kobolde in einer Höhe von etwa 70 Kilometern ein Halo (Lichthof) mit 50 Kilometern Durchmesser und etwa 10 Kilometern Dicke. Mit den Kobolden hängen die Trolle zusammen, die entstehen, wenn sich die Tentakel eines mächtigen Kobolds bis hinunter zur Oberfläche der Wolke erstrecken.

Die Jets und Kobolde werden von Elfen begleitet, die in einer enormen Höhe von etwa 100 Kilometern als leuchtende Ringe erscheinen. Sie haben einen Durchmesser von 400 Kilometern und dauern etwa 1 Millisekunde. Hervorgerufen werden sie von Stickstoffmolekülen, die von schnellen Elektronen in Erregung versetzt wurden.

Abschließen möchte ich die fantastische Welt dieser Lichtphänomene mit den terrestrischen Gammablitzen (*terrestrial gamma ray flashs*, Abk. TGF). Es handelt sich um Ausbrüche energiereicher Gammastrahlen in einer Höhe von 20 bis 50 Kilometern. Sie werden hervorgerufen durch starke elektronische Felder, erzeugt von großen Gewittern, in denen die Elektronen beinahe mit Lichtgeschwindigkeit unterwegs sind und Antimaterie in Form von Positronen mit hoher Energie erzeugen.

Auch ohne sich in all die Details zu vertiefen, ist die Atmosphäre ein artenreiches elektromagnetisches Biotop, dessen Spezies wir noch lange nicht alle kennen – ganz andere Kaliber als die guten alten Blitze!

SECHS

IN DEN WOLKEN

Mit beiden Beinen fest auf dem Boden der Wolken.

Ennio Flaiano, *Diario degli Errori*
(Tagebuch der Irrtümer, 1977)

Wolken, insbesondere Gewitterwolken, sind alles andere als ein einladendes Ambiente, in das man sich beliebig hineinbegeben könnte. Es ist irrsinnig kalt, überall ist Eis, die elektrostatische Aufladung ist hoch, man läuft Gefahr, von riesigen Hagelkörnern getroffen zu werden, und so weiter. Mit Flugzeugen sollte man solchen Bedingungen zum Schutz der Reisenden tunlichst ausweichen. Und doch gibt es immer wieder Menschen, die sich unvernünftigerweise, mit einer Mischung aus Verrücktheit und unstillbarer Neugierde, ins Innere der Wolken begeben, um deren Mysterien sozusagen mit Händen zu greifen. In diesem Kapitel möchte ich erzählen, wie man die Wolken im Innersten erforschen kann: Das geht nämlich nicht nur, indem man mit einem entsprechend ausgestatteten Flugzeug mitten hindurchfliegt, sondern auch im Labor eines Forschungszentrums oder mithilfe der Sensoren eines Forschungssatelliten. Auf diesem Weg offenbaren uns die Wolken viele ihrer Geheimnisse, auch wenn wir noch weit davon entfernt sind, alle Feinheiten wirklich verstanden zu haben. Los geht's.

Die Ideen, die der modernen Wolkenphysik den Weg gebahnt haben, kamen alle von Wissenschaftlern höchsten Rangs, die wichtige Beiträge zu verschiedensten Forschungsgebieten geliefert haben. Als einer der Ersten muss Benjamin Franklin genannt werden, der im 18. Jahrhundert begriff, dass die Atmosphäre und die Wolken elektrisch geladen sind – die Voraussetzung, um zu verstehen, warum Blitze sich entladen. Ziemlich bekannt ist sein Vorschlag, an einem Flugdrachen ein Stück Kupferdraht zu befestigen, um damit Blitze anzuziehen. Dass er das Experiment tatsächlich durchführte, ist nicht erwiesen. Ein Jahrhundert nach Franklin war es der Schotte James C. Maxwell, der die innovativsten Wege ging. Man erinnert sich vor allem an seine Gleichungen, mit denen er bewies, dass Elektrizität, Magnetismus und Licht auf ein und demselben Phänomen beruhen, dem elektromagnetischen Feld. Durch seinen Versuch, die Prinzipien zu vereinheitlichen, die grundlegende physikalische Prozesse steuern, trug er viel zur Systematisierung der thermodynamischen Gesetze bei. Insbesondere verdanken wir ihm die Gleichungen, mit denen sich die Masse- und Wärmeübertragung beim Wachstum von Tröpfchen und Eiskristallen erklären lassen. Zu tief will ich hier in die Wissenschaftsgeschichte nicht einsteigen, doch unbedingt verdient Émile Clapeyron eine Erwähnung. 1834 formulierte er als Erster eine Gleichung, mit der sich beschreiben lässt, wie sich der Gleichgewichtsdruck bei Phasengleichgewichten mit der Temperatur verändert. Rudolf Clausius verbesserte die Gleichung dann später noch, weswegen sie heute als Clausius-Clapeyron-Gleichung bekannt ist. Sie stellt eine der Grundlagen der Atmosphären- und Klimaforschung dar.

Zur gleichen Zeit wurden viele Experimente zu den atmosphärischen Partikeln, den Aerosolen, durchgeführt, die, wie wir gesehen haben, die Grundlage für die Entstehung von Hydrometeoren und somit von Wolken sind. Die berühmte Köhler-Gleichung ist nach dem Schweden Hilding Köhler benannt, dem damit das Verdienst zukommt, als Erster beschrieben zu haben, wie in den Wolken Wasserdampf mithilfe von Kondensationskernen kondensiert. Der Deutsche Christian E. Junge, eine wissenschaftliche Koryphäe in der zweiten Hälfte des 20. Jahrhunderts, stieß die intensive Forschung zum atmosphärischen Aerosol an und beschrieb die Größenverteilung der Aerosolpartikel. Die Genannten ebneten mit ihren Pioniertaten der modernen Wolkenphysik den Weg (Abb. 97).

Vielen mag es seltsam erscheinen, dass die moderne Wolkenphysik, die sich mit den Prozessen bei der Bildung von Hydrometeoren beschäftigt, in Laboren entstand und nicht in der Atmosphäre. Im 19. und 20. Jahrhundert standen noch nicht alle technischen Hilfsmittel zur Verfügung, die wir heute nutzen, weswegen es unmöglich war, Hydrometeore in Wolken zu beobachten. Man begann also damit, die physikalischen Bedingungen in einer Wolke im Labor zu simulieren – was schwierig, aber nicht unmöglich ist.

Die Perspektiven, die die eben erwähnten Wissenschaftler eröffneten, führten zwangsläufig hin zu einer experimentellen Untersuchung und Theorie der Hydrometeore, für die man eine Wolke im Labor so realitätsnah wie möglich nachbauen musste. Den entscheidenden Schub für die detaillierte Beschäftigung mit der Wolkenbildung lieferten kurz nach dem Zweiten Weltkrieg Versuche, Wolken zu »impfen« *(Cloud Seeding)*. Das Unternehmen General Electric ließ sie in ihrem Labor in Schenectady, New York, von einem ausgesprochen fähigen Trio durchführen: Irving Langmuir, der bereits 1932 den Chemie-Nobelpreis erhalten hatte, Vincent Schäfer sowie Bernard

ABB. 97 Diese Wissenschaftler haben der modernen Wolkenphysik und -chemie Auftrieb verliehen: Benjamin Franklin (oben links), James Clerk Maxwell (oben rechts), Rudolf Clausius (Mitte links), Hilding Köhler (unten links) und Christian E. Junge (unten rechts).

Vonnegut (Bruder des berühmten Science-Fiction-Autors Kurt Vonnegut). In diesem Labor erprobte Schäfer zum ersten Mal die Impfung von Wolken mit Trockeneis und fand heraus, dass bei Temperaturen von minus 40 Grad aus unterkühltem Wasser Eis entsteht. In der Folge entdeckte Vonnegut, dass Silberiodid (AgI) sich als Eiskeim eignet, eine Substanz, die später als Basis für sämtliche Versuche mit künstlicher Wolkenbildung diente. Die Experimente zogen die Aufmerksamkeit des Militärs auf sich, das 1947 das *Project Cirrus* ins Leben rief, in der Hoffnung, Orkane beeinflussen zu können. Es lieferte zwar nicht die erwünschten Ergebnisse, zeigte jedoch, dass es möglich war, mit künstlichen Kondensationskernen die Struktur von Wolken zu beeinflussen. Abb. 98 zeigt eines der Ergebnisse des Pro-

ABB. 98 Die Experimente Bernard Vonneguts mündeten 1947 in das *Project Cirrus*, ein militärisches Forschungsprojekt zur Wolkenimpfung. Auf diesem Foto vom 13. Oktober 1947 impft ein Flugzeug eine Wolke mit Trockeneis und hinterlässt dabei einen langen wolkenfreien Streifen direkt hinter sich (US Army Signal Corps).

ABB. 99 Tor Bergeron.

jekts, mehr oder weniger das, was in *Cavum*-Wolken passiert (falls Sie sich noch erinnern).

In dieser Phase konnte sich die Schule von Bergen in Norwegen eines Wissenschaftlers rühmen, der in der Wolkenphysik eine eminent wichtige Rolle spielen würde: Tor Bergeron, den ich bereits im vorigen Kapitel erwähnt habe, entdeckte nämlich, dass die meisten Niederschläge daher rühren, dass Wasser aus unterkühlten Tröpfchen verdunstet. So trägt es zum Wachstum der Eiskristalle bei, die dann je nach Temperatur als Schnee oder geschmolzen als kalter Regen fallen – der Bergeron-Findeisen-Prozess. (Der Dampfdruck über Eis ist geringer als über Wasser, deshalb verdunsten die Tröpfchen, während die Eiskristalle wachsen!)

Die moderne Wolkenphysik ist zweifelsohne in England entstanden, in vielerlei Hinsicht die Heimat der Meteorologie im heutigen Sinne – auch wenn sie, wie ich anfangs geschildert habe, viel früher in China und Europa ihren Anfang nahm. Doch die Engländer sind immer viel gereist, und wenn sich ihre große Flotte auf den Weg machte, um fremde Länder zu erkunden und neue Märkte zu erschließen, musste sie dabei natürlich auf das Wetter achten. Frank H. Ludlams Überlegungen legten den Grundstein, er erklärte die Struktur und Entwicklung von Konvektionswolken und Hagelgewittern und den Beginn des Niederschlags durch Koaleszenz oder Mechanismen in Eis-

ABB. 100 Die englische Schule der Wolkenphysik: Frank H. Ludlam, Sir B. John Mason, Richard S. Scorer und Keith Browning (von links nach rechts und oben nach unten).

kristallen und veröffentlichte die ersten Arbeiten zur Verhinderung von Hagel. Ludlam beeinflusste ohne Zweifel diverse Forscher, die dann weitere wichtige Bausteine zur Wolkenphysik lieferten. Darunter waren Keith Browning, der zum ersten Mal Gewitter-Superzellen und viele Formen des Niederschlags in mittleren Breiten beschrieb, sowie William C. Macklin, der bahnbrechende Erkenntnisse zu Starkgewittern und dem Wachstum von Hagelkörnern lieferte. Richard S. Scorer war einer der Pioniere, der die Wolkenphysik mit der Fluiddynamik zusammenbrachte, um bestimmte Entstehungsprozesse besser zu verstehen. Eine ganz außergewöhnliche Persönlichkeit war Sir Basil John Mason, Direktor des UK Met Office, des staatlichen britischen Wetterdienstes und vielfach ausgezeichnet für seine wissenschaftlichen Verdienste. Seine Forschungen sorgten für ein besseres Verständnis der Prozesse der Wolkenbildung und der Entstehung von Regen, Schnee und Hagel. Er entwickelte die Mason-Gleichung zur Beschreibung des Wachstums und der Verdunstung von Wolkentröpfchen. Sein 1971 erschienenes Buch *The Physics of Clouds* ist das erste echte Lehrbuch zum Thema und prägte mehrere Generationen von Studierenden in den folgenden Jahrzehnten (Abb. 100).

DIE MODERNE WOLKENPHYSIK – EIN INTERNATIONALES PROJEKT

Und doch stand die Erforschung der mikrophysikalischen Struktur der Wolken erst am Anfang. In der zweiten Hälfte des 20. Jahrhunderts führte eine intensivere experimentelle Forschung bald zu einer tieferen Durchdringung der Prozesse, die an der Entstehung von Tröpfchen, Kristallen und Hagel betei-

ABB. 101 Einige der wichtigsten Forschenden auf dem Gebiet der Wolkenphysik im 20. Jahrhundert: Sean Twomey, John Hallett, Roland List, Peter V. Hobbs, Charles (Charlie) und Nancy C. Knight (von links nach rechts und oben nach unten).

ligt sind. Zu dieser Gemeinschaftsarbeit haben viele von uns beigetragen, und allen liegt daran, zu vermitteln, welch aufregendes menschliches und intellektuelles Abenteuer dieses Forschungsgebiet ist. Einige der herausragenden Figuren, deren Beiträge international anerkannt und unübertroffen sind, habe ich in Abb. 101 zusammengestellt.

Die Forschungsbemühungen waren international. Der Australier Sean Twomey durchdrang den Mechanismus, der hinter der Tröpfchenbildung durch Kondensationskerne stand, und beschrieb als Erster den Unterschied zwischen Wolken, die sich über dem Meer (aus maritimem Aerosol) bilden, und solchen, die über dem Festland entstehen. Erstere formen sich aus wenigen großen Tropfen und produzieren sehr rasch Niederschlag, während Letztere sich aus sehr vielen kleinen Partikeln entwickeln und weniger Niederschlagspotenzial haben. Nach Twomey ist auch der Twomey-Effekt benannt: Demnach sorgt die Zunahme von Kondensationskernen durch Partikel aus der menschengemachten Luftverschmutzung dafür, dass ein größerer Teil der Sonnenstrahlung von den Wolken reflektiert wird, was sich auf die Strahlungsbilanz der Erde auswirkt.

Der gebürtige Engländer John Hallett hat praktisch seine gesamte berufliche Laufbahn als Forscher am Desert Research Institute in Reno, Nevada, verbracht, das er mitgründete. Kaum einer hat sich so eingehend mit der Physik des atmosphärischen Eises beschäftigt. Nach ihm und seinem Kollegen S. C. Mossop ist der Hallett-Mossop-Prozess benannt, engl. *Rime Splintering*, bei dem es um die Bildung von Sekundäreis in Wolken geht. Eiskristalle entstehen bei Temperaturen von minus 3 bis minus 8 Grad (mit einem Maximum bei minus 4 Grad), wenn die Graupeln durch das Anhaften von unterkühlten Tröpfchen wachsen, sich vereiste Höcker formen, die abbrechen und so Sekundäreis bilden. Pro Milligramm Eis entstehen auf diesem Weg etwa 50 solcher Höcker. Das mag einem wie ein Detail erscheinen, doch vor Hallett konnte man sich die Menge des Eises in Wolken, ausgehend ausschließlich von den primären Mechanismen der Eisbildung, nicht erklären.

Roland List, gebürtiger Schweizer mit später kanadischer Staatsbürgerschaft, hat sich intensiv mit Hagelbildung beschäftigt. In seinem Labor an der Universität von Toronto entdeckte er, dass Hagelkörner beim Fallen rotieren, was ihr Wachstum entscheidend beeinflusst. Er formulierte die erste Theorie zur Wärme- und Masseübertragung rund um wachsende Hagelkörner und parametrisierte den internen Wachstumsprozess von Tropfen durch Kollision/Koaleszenz und Auseinanderbrechen *(Break-up)*.

Kommen wir nun zu Peter V. Hobbs, wieder ein Engländer, der an der Universität des Staates Washington in Seattle forschte. Sein Beitrag war für die Beschreibung der Niederschlagssysteme der mittleren Breiten von enormer Tragweite. Wir verdanken ihm bahnbrechende Entdeckungen zur Niederschlagsbildung in Eis- und Mischwolken, die zu einem besseren Verständnis der Strukturen von Fronten und des *Seeder-Feeder*-Effekts führten. Sein Buch *Ice Physics* ist ein Meilenstein der Atmosphärenphysik, ebenso wie *Atmospheric Science. An Introductory Survey*, das in den letzten Jahrzehnten weltweit sämtliche Studierende des Fachs in die Hand genommen haben dürften.

Bei Feld- und Laborstudien zum Hagel erbrachten Charles Knight und Nancy Knight Pionierleistungen. Das Paar arbeitete sein ganzes Arbeitsleben lang zusammen am National Center for Atmospheric Research (NCAR) in Boulder, Colorado, wo es extreme Gewitter, insbesondere Hagelunwetter, erforschte.

Die Wolkenphysik entwickelte sich notwendigerweise mit der Erfindung neuer Beobachtungssysteme wie Radar oder

ABB. 102 David Atlas (links) hat die Erforschung der Wolken mittels Radar in die Wege geleitet, Verner E. Suomi (rechts) mittels Satellit.

Satellitensensoren weiter, die durch Daten aus dem Inneren der Wolken völlig neue Einsichten ermöglichten. Die Radartechnik, im Zweiten Weltkrieg zu militärischen Zwecken konzipiert, ist heute aus der Meteorologie und Wolkenphysik nicht mehr wegzudenken. Die elektromagnetischen Strahlen der Geräte dringen in die Wolke ein, werden von den Hydrometeoren reflektiert und liefern so Informationen über deren Menge, Größe, thermodynamische Phase und Orientierung. Ein Pionier der Radarmeteorologie, der daraus ein wirksames Instrument der Wolkenphysik machte, ist ohne Zweifel David Atlas (Abb. 102), der als Erster Radargeräte entwickelte, die an Bord von Flugzeugen transportiert werden konnten. Seine Untersuchungen zur Intensität von Niederschlägen, der Verteilung von Tropfen, der Windgeschwindigkeit mittels Doppler-Radar und der Streuung elektromagnetischer Wellen in der wolkenfreien Atmosphäre waren bahnbrechend.

Eine tatsächlich globale Sicht auf die Wolken wurde dank Verner E. Suomi (Abb. 102) möglich, der finnische Wurzeln hatte, aber sein Leben lang in den USA arbeitete. Die heutige Meteorologie und Wolkenphysik wäre ohne diesen großartigen Wissenschaftler und Spezialisten für Raumtechnik kaum vorstellbar. Unzählige Sensoren und Beobachtungsplattformen des Weltraums im Dienste der Meteorologie und Klimaforschung wurden von Suomis Arbeitsgruppe am Space Science and Engineering Center (SSEC) der Universität von Wisconsin in Madison installiert. Der erste Sensor war der Applications Technology Satellite-1 (ATS-1), zugleich der erste geostationäre Satellit der Geschichte. Gestartet am 7. Dezember 1966, blieb er siebzehn Jahre lang auf seiner Erdumlaufbahn. Wettersatelliten haben bei der Untersuchung von Wolkenstrukturen, insbesondere großer Gewitter, maßgebliche Impulse geliefert. Als ein Beispiel von vielen möchte ich von einer meiner eigenen Entdeckungen berichten, die ich zusammen mit meinem Freund und Kollegen Martin Setvák vom tschechischen hydrometeorologischen Institut in Prag gemacht habe. Mitte der 1990er Jahre trugen die AVHRR-Sensoren *(Advanced Very High Resolution Radiometer)* an Bord der NOAA-Satelliten (der amerikanischen *National Oceanic and Atmospheric Administration*) dazu bei, die enormen Mengen an Eiskristallen zu lokalisieren, die im obersten Bereich von zur Tropopause vordringenden Gewittern vorkommen. Dieses Eis ist in der Lage, in die darüberliegende Stratosphäre zu gelangen. Und dieser Prozess, von dem man vor unserer Entdeckung so gut wie nichts wusste, hat einen beträchtlichen Anteil an der Befeuchtung der Stratosphäre, die per se eine extrem trockene Schicht unserer Erdatmosphäre ist.

Nach all den bereits erwähnten Giganten der Wolkenphysik muss ich noch Hans R. Pruppacher (Abb. 103) vorstellen, wohl

ABB. 103 Hans R. Pruppacher.

der Wichtigste unter all jenen, die die Geheimnisse der Hydrometeore zu entschlüsseln versuchten. Er war Lehrer mehrerer Generationen von Wissenschaftlerinnen und Wissenschaftlern, darunter auch ich. In seinem Labor in den Katakomben des Fachbereichs Atmosphärenwissenschaft der Universität von Kalifornien in Los Angeles (UCLA) hatte er einen Vertikalwindtunnel (Abb. 104) konstruiert, um die Bedingungen zu simulieren, unter denen sich die Hydrometeore im Luftstrom bilden – genau wie in einer gerade entstehenden Wolke. Eine Gefrierzelle (Abb. 104 rechts) ermöglichte detaillierte Untersuchungen zur Entstehung von gefrorenen Hydrometeoren bei bis zu minus 25 Grad.

Dank der Untersuchungen von Pruppacher, seinen Schülern und Mitarbeiterinnen verstehen wir besser, wie die Kollision und Koaleszenz der Tropfen vor sich geht, wie wachsende Hydrometeore der Atmosphäre Aerosolpartikel entziehen, wie atmosphärisches Eis schmilzt, wie sich Tropfen in elektrischen Feldern der Gewitter verformen und vieles mehr. Abb. 105 zeigt zwei schwebende Tröpfchen im elektrischen Feld eines Gewitters im hinter Plexiglas befindlichen Arbeitsbereich des Windtunnels. Die Fotos, die ich 1982 während der Experimente an der UCLA aufgenommen habe, sind wissenschaftsgeschichtlich durchaus bedeutsam. Die vier Bilder links zeigen, wie die Tröpfchen mit zunehmender Stärke des elektrischen Feldes allmäh-

ABB. 104 Der Vertikalwindtunnel für Studien zur Wolkenphysik an der UCLA zu Beginn der 1980er Jahre. Ganz rechts die Gefrierzelle für Experimente bei niedrigen Temperaturen (Fotos V. Levizzani).

lich deformieren, bis das Wasser das Tröpfchen über einen in Richtung des Feldes entstehenden Kanal verlässt. So wurde bewiesen, dass dieser Mechanismus zur Entstehung von Sekundäreis in den Wolken beiträgt. An diesem Projekt habe ich selbst mitgearbeitet und dazu beigetragen, zu klären, wie atmosphärisches Eis schmilzt. Unsere Forschungsergebnisse gingen in der Folge als integraler Bestandteil in sämtliche Wolkenmodelle ein. Eine andere Reihe von Experimenten und Modellen hat sich Anfang der 1980er Jahre mit dem Schmelzen von Hagelkörnern in Wolken beschäftigt. Die Arbeitsgruppe von Hans Pruppacher, zu der ich damals gehörte, hat die Umstände dieses Vorgangs untersucht (Abb. 106), was dazu führte, dass sich meteorologische Radarsignale besser interpretieren ließen. Hans Pruppacher hat der internationalen Forschungsgemeinschaft seine Erkenntnisse in seinem Buch *Microphysics of Clouds and Precipitation* zugänglich gemacht, das nach wie vor als Standardwerk gilt.

In der internationalen Zusammenarbeit zur Erforschung der Hydrometeore spielte auch Japan eine wichtige Rolle, insbeson-

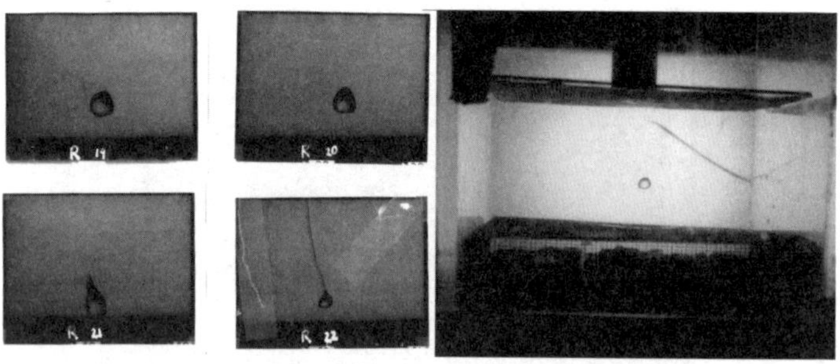

ABB. 105 Links das im Luftstrom des Vertikalwindtunnels der UCLA schwebende Tröpfchen zwischen den Platten eines Kondensators in einem gewittertypischen elektrischen Feld. Mit zunehmender Feldstärke verformt es sich und bricht schließlich. Rechts das Tröpfchen in der Arbeitskammer des Windtunnels, wie es im Strom der aufsteigenden Luft schwebt. (Fotos: V. Levizzani).

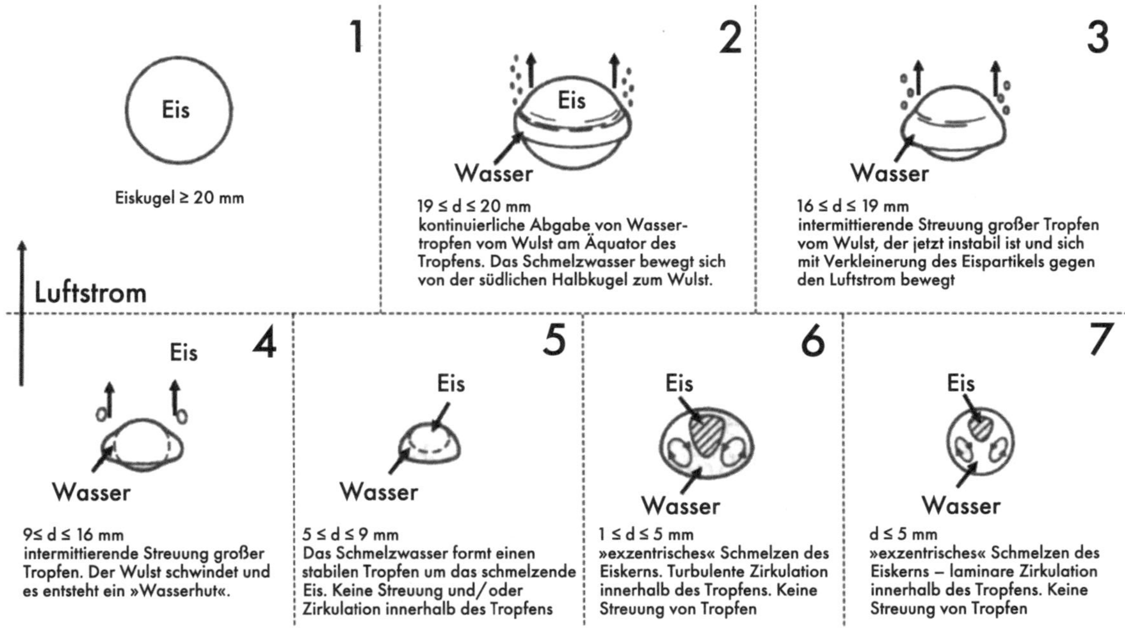

ABB. 106 Das Schmelzen von Hagelkörnern, wie es Experimente im Vertikalwindtunnel der UCLA in den 1980er Jahren dokumentiert haben (Darstellung von V. Levizzani nach den damaligen Versuchsprotokollen).

dere bei der Physik des atmosphärischen Eises. Die Schule um den Forscher Choji Magono an der Universität von Hokkaido beschrieb und klassifizierte zum ersten Mal in detaillierter Art und Weise sämtliche Formen, Größen und Varianten von Eiskristallen in Wolken (Abb. 107). Diese japanische Schule ist nach wie vor aktiv, und erst kürzlich wurde Magonos ursprüngliche Klassifikation von den dort Forschenden in überarbeiteter Form publiziert. Hat eine solche Klassifikation über reinen Erkenntnisdrang hinaus einen wissenschaftlichen Nutzen, könnte man sich fragen. Ja, lautet die Antwort, da die präzise Kenntnis der Erscheinungsformen vereister Hydrometeore in Wolken es erlaubt, ihr Verhalten hinsichtlich elektromagnetischer Wellen genauer zu beschreiben und so Satelliten und Radar mit ihrer Fernerkennungstechnik zur Wolkenbeobachtung sinnvoller zu nutzen. Auch viele aus Japan stammende Erkenntnisse zum elektrischen Aufbau von Gewitterwolken haben Wissenschaftsgeschichte geschrieben.

Und in meinem Heimatland Italien? Auch da gab es eine entsprechende Schule mit recht lebhaften Forschungsaktivitäten. Franco Prodi (Abb. 108) hat sie mit begründet, und ich selbst habe dort lange Zeit gearbeitet. Die Anfänge reichen in die 1950er Jahre und das meteorologische Forschungsobservatorium am Monte Cimone im nördlichen Apennin zurück und sind unter anderem der Arbeit von Ottavio Vittori Antisari zu verdanken. Der Aufbau lag in den Händen des nationalen Forschungsrates (CNR) in Bologna. Die Aktivitäten entwickelten sich zuerst im Institut zur Untersuchung physikalischer und chemischer Phänomene der niederen und höheren Atmosphäre (FISBAT), das später zum Institut für die Wissenschaft der Atmosphäre und der Ozeane wurde (ISAO), um schließlich den aktuellen Namen Institut für die Wissenschaft von Atmosphäre

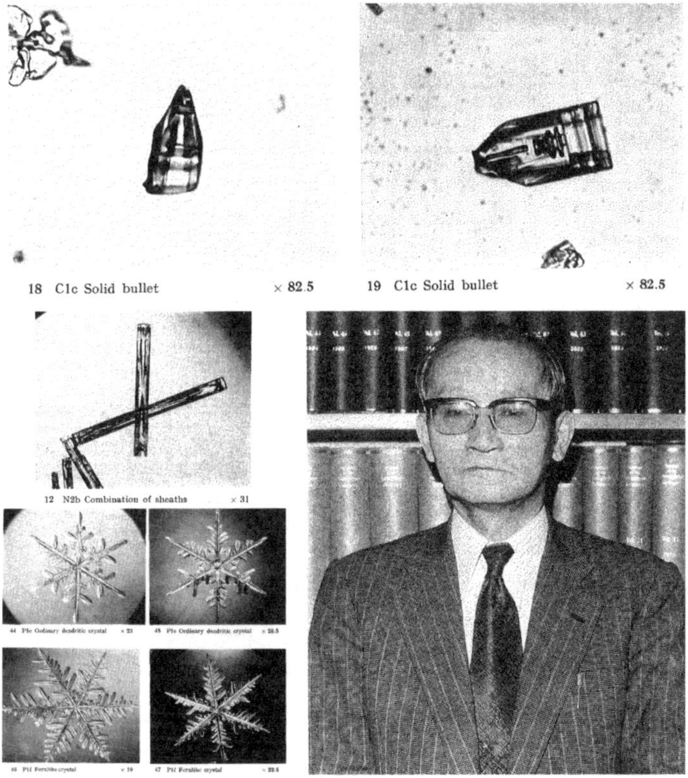

ABB. 107 Auf der folgenden Doppelseite die Tabellen zur ursprünglichen Klassifikation von natürlichen Eiskristallen in Wolken, aus der 1966 veröffentlichten Arbeit von Magono und Lee. Die natürlichen Eiskristalle auf dieser Seite wurden damals von Choji Magono (rechts unten) durch ein Mikroskop fotografiert. (Universität von Hokkaido).

und Klima (ISAC) zu erhalten. Die wichtigsten Beiträge lieferte die Einrichtung im experimentellen Bereich durch neue Erkenntnisse zum Hagelwachstum und zum Eiswachstum durch Deposition (Abb. 108), zur Verreifung an wachsenden Eiskristallen, zur Entfernung von Aerosolpartikeln aus der Atmosphäre durch Hydrometeore und zur Chemie der Hydrometeore und

	N1a Elementary needle	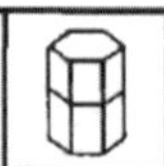	C1f Hollow column	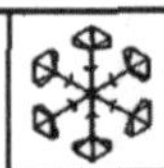	P2b Stellar crystal with sectorlike ends
	N1b Bundle of elementary needles		C1g Solid thick plate	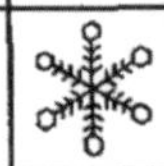	P2c Dendritic crystal with plates at ends
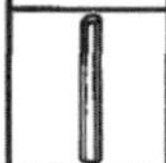	**N1c** **Elementary sheath**	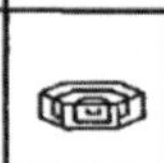	C1h Thick plate of skelton form	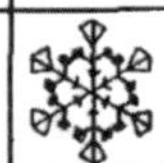	P2d Dendritic crystal with sectorlike ends
	**N1d** **Bundle of elementary sheaths**	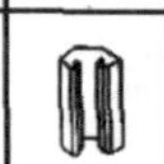	C1i Scroll	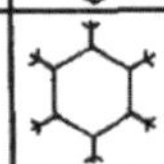	P2e Plate with simple extensions
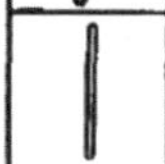	N1e Long solid column		C2a Combination of bullets	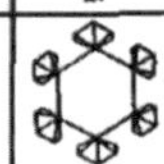	P2f Plate with sectorlike extensions
	N2a Combination of needles	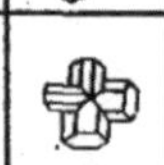	C2b Combination of columns		P2g Plate with dendritic extensions
	N2b Combination of sheaths	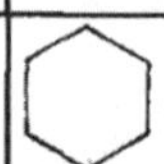	P1a Hexagonal plate	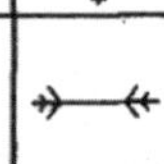	P3a Two-branched crystal
	N2c Combination of long solid columns		P1b Crystal with sectorlike branches	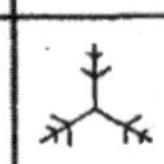	P3b Three-branched crystal
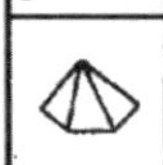	C1a Pyramid		P1c Crystal with broad branches	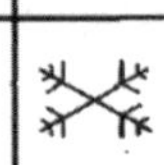	P3c Four-branched crystal
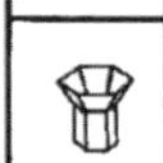	C1b Cup		P1d Stellar crystal		P4a Broad branch crystal with 12 branches
	C1c Solid bullet		P1e Ordinary dendritic crystal	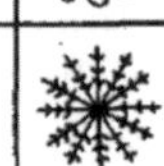	P4b Dendritic crystal with 12 branches
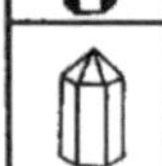	C1d Hollow bullet		P1f Fernlike crystal	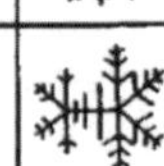	P5 Malformed crystal
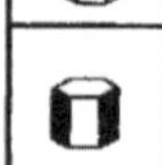	C1e Solid column	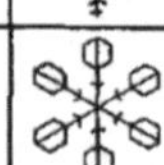	P2a Stellar crystal with plates at ends		P6a Plate with spatial plates

	P6b Plate with spatial dendrites	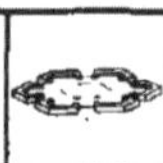	CP3d Plate with scrolls at ends
	P6c Stellar crystal with spatial plates		S1 Side planes
	P6d Stellar crystal with spatial dendrites		S2 Scalelike side planes
	P7a Radiating assemblage of plates		S3 Combination of side planes, bullets and columns
	P7b Radiating assemblage of dendrites	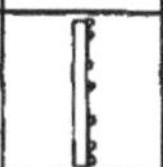	R1a Rimed needle crystal
	CP1a Column with plates	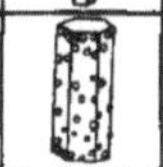	R1b Rimed columnar crystal
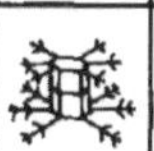	CP1b Column with dendrites		R1c Rimed plate or sector
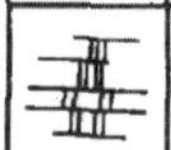	CP1c Multiple capped column		R1d Rimed stellar crystal
	CP2a Bullet with plates	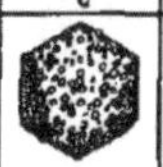	R2a Densely rimed plate or sector
	CP2b Bullet with dendrites		R2b Densely rimed stellar crystal
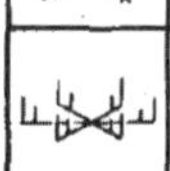	CP3a Stellar crystal with needles		R2c Stellar crystal with rimed spatial branches
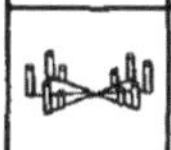	CP3b Stellar crystal with columns		R3a Graupellike snow of hexagonal type
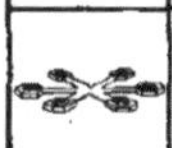	CP3c Stellar crystal with scrolls at ends		R3b Graupellike snow of lump type

	R3c Graupellike snow with nonrimed extensions
	R4a Hexagonal graupel
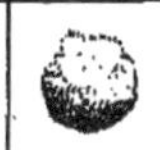	R4b Lump graupel
	R4c Conelike graupel
	I1 Ice particle
	I2 Rimed particle
	I3a Broken branch
	I3b Rimed broken branch
	I4 Miscellaneous
	G1 Minute column
	G2 Germ of skelton form
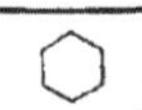	G3 Minute hexagonal plate
	G4 Minute stellar crystal
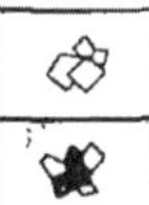	G5 Minute assemblage of plates
	G6 Irregular germ

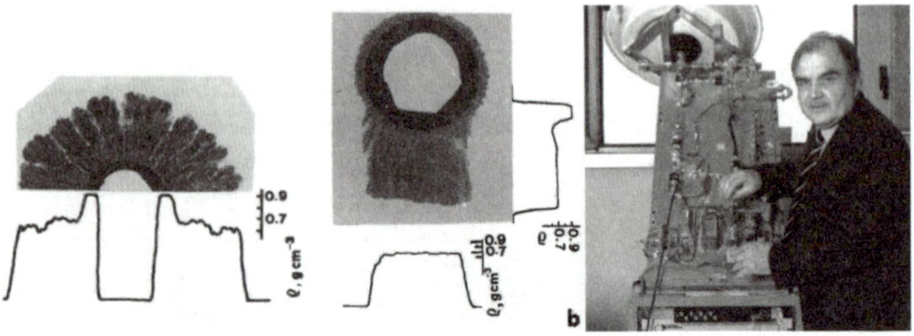

ABB. 108 Links Röntgenaufnahmen von Eis, das durch Deposition von unterkühltem Wasser gewachsen ist. Rechts der Meteorologe Franco Prodi.

ABB. 109 Durch die Ablagerung von unterkühlten Tropfen vereisen Hochspannungsleitungen, was zu einer starken Gewichtsbelastung führt.

des atmosphärischen Aerosols. Auf Abb. 109 kann man den Effekt von Deposition und Vereisung von Tröpfchen auf Hochspannungsleitungen sehen. Untersuchungen im Labor des CNR haben zum Verständnis dieses Phänomens beigetragen, das im Winter zu schweren Schäden am Stromnetz vieler Länder führt. Ein weiteres grundlegendes Thema, mit dem sich das CNR in Bologna bis heute beschäftigt, ist das atmosphärische Aerosol, das in engem Zusammenhang mit den physikalischen Prozessen steht, die ich bis hierher geschildert habe. Die Struktur einer Wolke wird in der Tat von untrennbar miteinander verknüpften physikalischen, chemischen und biologischen Vorgängen bestimmt, die sie zu etwas Einmaligem machen. Das CNR hat sich vor allem den Kondensationskernen und Eiskeimen gewidmet und leistete Grundlagenforschung zur Entstehung von Nebel, zum Aerosol in der Po-Ebene, zu organischem Aerosol und Eiskeimen. Maßgebliche Beiträge kommen dort aktuell von Sandro Fuzzi, Maria Christina Facchini, Gianni Santachiara und Franco Belosi.

GIPFEL DER FORSCHUNG: BERGOBSERVATORIEN

Es gibt noch andere Wege, Wolken »aus dem Inneren heraus« zu erkunden, nämlich durch Forschungsstationen in großer Höhe. Von Flugzeugen einmal abgesehen (darauf komme ich noch), welcher Punkt läge den Wolken näher als der Gipfel eines Berges? Es sind allerdings nicht alle Berge geeignet, da sie einerseits hoch sein müssen, andererseits isoliert genug, um Messungen in Wolken durchführen zu können, ohne die Bildung der Hydrometeore allzu sehr zu beeinflussen.

Die Höhenstationen gehören zum Programm Globale Überwachung der Atmosphäre (GAW) der WMO und haben vor allem die Aufgabe, den Gehalt an Aerosol und Treibhausgasen der Atmosphäre und damit die Klimaveränderungen zu überwachen. Darüber hinaus tragen einige Stationen auch zur Erforschung der Wolken bei, in die sie aufgrund ihrer Standorte sowieso meist gehüllt sind. Wie auf den Abb. 110–113 zu sehen ist, handelt es sich um echte Observatorien, von denen aus die

Wolken an einem freien Horizont zum Greifen nah erscheinen. Der Puy de Dôme im französischen Zentralmassiv ist der Kegel eines erloschenen Vulkans, auf dem die Universität von Clermont-Ferrand ihr Observatoire de physique du globe eingerichtet hat und wo durch Öffnungen in den Bergflanken Experimente direkt an den vorbeiziehenden Wolken durchgeführt werden können.

In den Berner Alpen befindet sich das astronomische Observatorium Sphinx auf der gleichnamigen Felsenkuppe am Jungfraujoch, an der Südflanke des Jochs die Höhenforschungsstation Jungfraujoch. Sphinx ist das höchstgelegene europäische Observatorium, das ganzjährig erreichbar ist.

Das Meteorologische Observatorium Hohenpeißenberg im bayerischen Alpenvorland liegt viel niedriger und ermöglicht dem Deutschen Wetterdienst (DWD) die dauerhafte Beobachtung der Atmosphäre mit unterschiedlichsten Instrumenten.

Am Monte Cimone, dem höchsten Gipfel des nördlichen Apennin (2165 Meter), betreibt Italien das historische Obser-

ABB. 110 Observatoire de physique du globe der Universität Clermont-Ferrand auf dem Puy de Dôme (1464 Meter) in der Auvergne.

ABB. 111 Sphinx-Observatorium am Jungfraujoch (3571 Meter) in den Berner Alpen in der Schweiz.

ABB. 112 Meteorologisches Observatorium Hohenpeißenberg (977 Meter) in Bayern.

vatorium der Luftwaffe sowie das Italienische Klima-Observatorium Ottavio Vittori des CNR-ISAC, benannt nach dem ersten Wolkenphysiker, der 1950 auf dem Berggipfel zu arbeiten begann.

Eine besondere Erwähnung verdient The Pyramid, ein internationales Labor und Observatorium des CNR auf 5050 Höhenmetern im nepalesischen Lobuche im Mount-Everest-Gebiet

ABB. 113 Das italienische Observatorium am Monte Cimone (2165 Meter) in der Provinz Modena. Der Berg im Herbst (links oben), der Gebäudekomplex im Winter (rechts oben), Ottavio Vittori 1959 auf Skiern am Pian del Falco (links unten) und das nach ihm benannte Klima-Observatorium des CNR-ISAC (rechts unten).

ABB. 114 Das Pyramid International Laboratory/Observatory High Altitude Scientific Research Center des CNR in Lobuche, Nepal, auf 5050 Meter. Im Hintergrund der Pumori (7161 Meter).

(Abb. 114). Es wurde 1990 eingeweiht und soll der Forschung in verschiedenen Disziplinen dienen, außer der Meteorologie auch der Hydrologie, Medizin, Ethnographie, Zoologie und Botanik. Untersuchungen zur Zusammensetzung der Atmosphäre in großer Höhe auf dem indischen Subkontinent, einem hinsichtlich des Klimawandels extrem sensiblen Bereich, sind Hauptaufgabe des Labors.

AM BODEN UND TROTZDEM MITTENDRIN

Wenn es in der Wolkenphysik um konkrete Feldforschung aus der Nähe oder vielleicht sogar vor Ort geht, muss man auf der Jagd nach Gewittern, Tornados und vielem mehr raus aus den Laboren und Observatorien und wohl oder übel hinein in die Natur. Doch warum begibt man sich freiwillig in ernsthafte Gefahr, um den Aufbau eines Gewitters bis in die feinsten Details zu erkunden? Mitten in *Cumulonimbus*-Wolken, die Hagel, Blitze und heftigste Winde hervorbringen, von sintflutartigem Regen und Tornados gar nicht zu reden. Was treibt uns da hinein, statt schnellstmöglich Reißaus zu nehmen? Meine Antwort lautet: Erstens will die Wissenschaft es immer genau wissen und unsere Kenntnisse über Naturphänomene stetig vermehren. Zweitens haben insbesondere Gewitter mit ihren Extremerscheinungen und ihrer apokalyptischen Schönheit einen unwiderstehlichen Reiz. Der Mensch stand ihnen immer zugleich ängstlich und gebannt gegenüber, floh vor ihnen *und* war von ihnen magisch angezogen.

Man muss nicht wie ich Meteorologe sein, um von Gewittern fasziniert zu sein, aber die Fachkenntnis hilft dabei, sich im richtigen Moment am richtigen Ort aufzuhalten und die Orte zu meiden, wo man Schaden nehmen könnte. Dazu kann ich von einem weiteren persönlichen Erlebnis berichten, denn wie manch andere bin auch ich schon in den Bergen fern von einer Schutzhütte in ein Gewitter geraten – und auch ich hatte verdammt Angst. Ich war mitten im Juli in den Brenta-Dolomiten unterwegs, mit meiner Frau, einem meiner Söhne, meinem Schwiegervater und unserem Hund Kimu, der sich sehr freute, mit von der Partie zu sein. Wir machten gerade unsere Mittagsbrotzeit, als sich über uns Gewitterwolken zusammenballten. Ich wusste zwar, *dass* es ein Gewitter geben würde, ging aber von der zweiten Nachmittagshälfte aus – ein Irrtum, wie sich herausstellte. Entgegen meinen unsinnigen Prognosen gerieten

ABB. 115 Links die vor Ort angebrachte Gedenktafel zum historischen Thunderstorm Project. Rechts Horace R. Byers (oben) und Roscoe R. Braham Jr. (unten).

wir beim Abstieg in den Weltuntergang, mit Tonnen von Graupeln und Dutzenden Blitzen. Wir befanden uns in einer extrem gefährlichen Situation, und ich war dafür verantwortlich. Etwas jedoch konnte ich noch tun: Ich wies mein Grüppchen an, möglichst weit weg von den Felswänden mitten in der Rinne, in der wir uns befanden, im Gänsemarsch zu gehen. Die Blitze schlugen relativ weit oben in den Felsen ein, während wir uns von Bäumen und ähnlichen Erhebungen fernhielten. So erreichten wir zwar durchnässt und wegen der eisigen Graupeln auch schlotternd, aber unverletzt den Parkplatz. Ich kann Ihnen versichern, dass ich derartige Abenteuer in den Bergen seither nicht mehr riskiert habe, sondern extrem vorsichtig in meiner Lagebeurteilung bin und mein Wolkenwissen sehr konservativ einsetze.

Das erste große und moderne Feldforschungsprojekt zu großräumigen Gewittern hieß Thunderstorm Project und wurde 1946 vom US Weather Bureau (später umbenannt in National Weather Service, NWS) in Ohio und Florida initiiert, um mehr über die schweren Schäden durch Gewitter herauszufinden, die vor allem die Luftfahrt betrafen. Horace R. Byers und Roscoe R. Braham Jr. (Abb. 115) organisierten das Projekt, mit dem sämtliche Theorien über die Struktur von Gewittern ihren Anfang nahmen, insbesondere was die drei Phasen betrifft, die ich in Kapitel 3 (Abb. 49) vorgestellt habe. Noch heute aufschlussreich sind die in einem Originaldokument von 1946 dargelegten Absichten: »Wir werden mit Flugzeugen, Ballons und Radar, die mit einem dichten Netz von Messstationen am Boden verbunden sind, simultane Messungen im Inneren der Wolken durchführen … Wir werden Gewitter auf die gleiche Weise untersuchen und sezieren wie ein Zoologe einen neuen Organismus.« In dieser Frühzeit der Gewitterforschung glich der Ansatz noch dem der Naturforschung. Das Projekt war für diese Zeit vergleichsweise großzügig finanziert, Radargeräte und für meteorologische Zwecke umgebaute Militärflugzeuge inklusive (Abb. 116). Die Arbeitsbedingungen erforderten zugleich Heldenmut, und über die Gefahren, in die sie sich begaben, durften die Forschenden nicht allzu gründlich nachdenken, wie man an den Hagelschäden an der Nase einer P-61 sehen kann (Abb. 117). Man wusste damals noch relativ wenig über die Vorgänge in Gewitterwolken und ging hohe Risiken ein, dafür war der aus diesem Pionierprojekt resultierende Wissenszuwachs enorm.

Seit dem Thunderstorm Project hat die Beobachtungstechnik riesige Fortschritte gemacht, vor allem durch moderne Instrumente zur Fernerkundung mittels Radiometrie, Radar und Lidar. Ich möchte Ihnen nun vorstellen, wie man heute Gewitter erforscht, vom Boden aus, aber mithilfe von Flugzeugen und Ballons auch in ihrem Inneren.

Vom Boden aus kommt man einem Gewitter für meteorologische und mikrophysikalische Messungen am nächsten mit einem Auto, vorzugsweise einem Pick-up, dessen Ladefläche groß genug ist, um diverse Instrumente zu transportieren und aufzubauen. Abb. 118 zeigt ein Fahrzeug mit Instrumenten zur Messung von Windgeschwindigkeit und -richtung, Luftfeuchtigkeit und anderem mehr. Forschungszentren wie das National Severe Storms Laboratory (NSSL) der NOAA in Norman, Oklahoma, schicken solche Gefährte während ihrer Messkampagnen auf die Straßen der Tornado Alley (siehe Kapitel 3), um Daten in Echtzeit zu gewinnen. Ich selbst habe 1995 während des Verification of the Origins of Rotation in Tornadoes Experiment (VORTEX) an Bord eines solchen Fahrzeugs gearbeitet. Auch die sogenannten Storm Chaser (Sturmjäger), die während

ABB. 116 Die für das Thunderstorm Project aufgebotenen Messeinrichtungen. Links ein SCR584, ein Radargerät zur Messung des Windfelds. Rechts eine P-61 Black Widow, ein Nachtbomber, den man für Flüge in Wolken ausgerüstet hatte (aus: Roscoe R. Braham Jr.: The Thunderstorm Project. In: Bulletin of the American Meteorological Society, 77, 8. August 1996. © American Meteorological Society, Abdruck mit freundlicher Genehmigung)

ABB. 117 Schäden am Rumpf einer P-61 Black Widow, verursacht durch Hagelkörner bei einem Gewitterflug in Ohio anlässlich des Thunderstorm Project.

der Tornadosaison die Great Plains der USA durchstreifen, nutzen solche Autos. Es sind, was manchen merkwürdig vorkommen mag, keine Fachleute, sondern Menschen, deren Hobby die Meteorologie der Extremwetterereignisse ist und die ihre Beobachtungen für die Erforschung dieser Phänomene kostenlos zur Verfügung stellen. Viele nutzen dafür ihren Urlaub, und obwohl sie keine Profis sind, verfügen sie über ein bemerkenswertes Spezialwissen zum Thema und werden daher häufig von Forschungsinstituten zu Rate gezogen. Ich möchte allerdings nicht verschweigen, dass viele diese gefährliche Tätigkeit und den Gewinn an Wissen auch mit dem Leben bezahlen. Der Spielfilm *Twister* von 1996 (Regie: Jan de Bont, Drehbuch: Michael Crichton und Anne-Marie Martin) zeigt – natürlich ein wenig romantisierend und mit vielen Spezialeffekten –, welche Risiken die *Storm Chaser* auf sich nehmen.

Während des VORTEX-Projekts waren wir einmal auf dem Weg zu einem Standort im nördlichsten Winkel von Texas und parkten den Wagen vor einem Fast-Food-Geschäft, um uns einen Imbiss zu holen. Als wir mit unseren Sandwiches wieder herauskamen, stellten wir fest, dass neben uns der Wagen des

ABB. 118 Ein Fahrzeug zur Erforschung von Stürmen (NOAA-NSSL).

ABB. 119 Der DoW-3 in Aktion (Center for Severe Weather Research).

Bezirkssheriffs stand. Er war schon ausgestiegen – ein Mann in Uniform, mit großem Schnauzbart, einem Stetson mit breiter Krempe auf dem Kopf und einem riesigen Colt am Gürtel. Da der Anblick des Autos ihn in Alarmbereitschaft versetzt hatte, wollte er von uns wissen, ob ein Tornado bevorstünde. Als wir ihm versicherten, dass wir zu einem Sturm in einer ganz anderen Gegend unterwegs waren, stieß er einen Seufzer der Erleichterung aus. Nun können Sie sicher nachvollziehen, was es bedeutet, in der Tornado Alley zu leben.

Sehr hilfreiche fahrbare Geräte zur Beobachtung von Wolken sind auch Wetterradare auf Rädern. Insbesondere solche, die auf dem Doppler-Effekt basieren (das ist der Effekt, der einen anhand des Klangs der Sirene wissen lässt, ob ein Krankenwagen sich nähert oder entfernt), sind unverzichtbar, um Windfelder in Echtzeit zu messen und Rotationen festzustellen, die Vorboten von Tornados sind. Doppler on Wheels (DoW) ist eine Flotte von Radargeräten auf Rädern des Center for Severe Weather Research (CSWR) in Boulder, Colorado, die der Feldforschung an Tornados dienen (Abb. 119). Da sich ein DoW so schnell verlegen lässt, ist es ein ziemlich einmaliges Gerät, mit

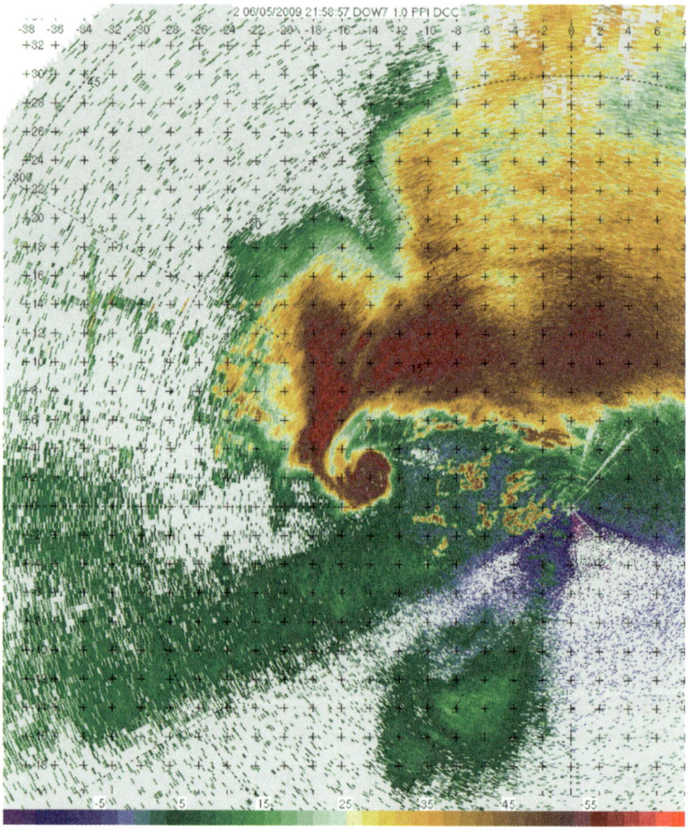

ABB. 120 Typisches Bild der reflektierten Wellen, wie es ein auf einen Tornado gerichteter Doppler-Radarwagen liefert. Im Zentrum sticht der charakteristische Haken (das *Hook-Echo*) ins Auge, ein Symptom für die Tornadoentstehung (Center for Severe Weather Research).

dem die Forschenden zur richtigen Zeit am richtigen Ort sein können, was mit fest installierten Radargeräten nicht möglich ist. Abb. 120 zeigt eine typische Karte der Radarreflexion eines Tornados mit dem charakteristischen sogenannten *Hook-Echo* (Hakenecho) am Ort seiner Entstehung. Die Stärke eines solchen Radars sind die extrem schnellen Sendeimpulse, die die

Entwicklung des Tornados in einzigartiger zeitlich-räumlicher Präzision abbilden. Unterstützt werden die Möglichkeiten des Radars noch durch ein Netz meteorologischer Sensoren, die in der Regel sehr rasch rund um das Gerät installiert werden können und die hoch aufgelöste Darstellung des Gewitters perfektionieren.

FLIEGENDE LABORE

Feldstudien zu Gewittern sind, wie schon im Zusammenhang mit dem Thunderstorm Project oder VORTEX angedeutet, eingebettet in größere Projekte, deren Konzeption und Organisation viel Zeit brauchen und deren Durchführung viel Geld kostet. Sie entstehen für gewöhnlich aus der überzeugenden Idee einer Forschungsgruppe. Diese entwickelt sehr präzise Fragestellungen, die in völlig neuen Messkampagnen beantwortet werden sollen. Sobald die Leitfragen festgelegt sind, versucht die Forschungsgruppe, den potenziellen nationalen und/oder internationalen Geldgebern zu vermitteln, warum diese Fragen dringend mithilfe eines zielgerichteten und solide finanzierten Projekts beantwortet werden müssen, was gar nicht so einfach ist. Es kommt darauf an, im richtigen Moment verfügbare Mittel zu mobilisieren, und dazu braucht man eine wirklich überzeugende Argumentation, die verwertbare Resultate in Aussicht stellt. Wenn das gelingt, werden die Mittel bereitgestellt und das Projekt vorbereitet. So war es beispielsweise beim Midlatitude Continental Convective Clouds Experiment (MC3E), das vom 22. April bis 6. Juni 2011 in Lamont, Oklahoma, durchgeführt wurde und zum Ziel hatte, den Lebenszyklus eines kontinentalen Konvektionsgewitters zu untersuchen. Wie man Abb. 121

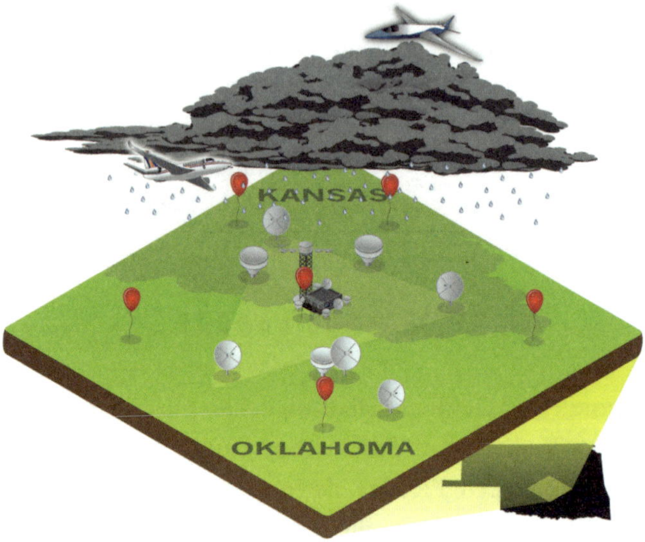

ABB. 121 Das Midlatitude Continental Convective Clouds Experiment in der Ebene von Oklahoma. Das Gebiet liegt zwischen Oklahoma und Kansas, wie der kleinen Karte rechts unten zu entnehmen ist (NASA).

entnehmen kann, fliegt das entsprechend ausgerüstete Flugzeug sowohl oberhalb als auch innerhalb der Wolke, damit seine Radarsysteme das Gewitter aus unterschiedlichen Richtungen abscannen können. Zugleich werden Niederschlag und Windgeschwindigkeit mit Instrumenten am Boden gemessen.

Indem wir mitten hinein in die Wolken fliegen, sind wir bei der Erforschung aus nächster Nähe angekommen. Da Pilotinnen und Piloten normalerweise Wolken und Gewitter im Interesse der Mitreisenden und ihrer Flugzeuge tunlichst meiden, kommt einem die Idee ziemlich bizarr vor. Die wenigen Menschen, die den Wolken unbedingt ganz nahe kommen wollen, tun das natürlich nicht mit normalen Passagiermaschinen, sondern mit speziell dafür ausgerüsteten Exemplaren (Abb. 122).

Die P-3 der NOAA kennen Sie vielleicht aus Dokumentarfilmen zu Orkanen, da sie zur Sturmüberwachung über dem Atlantik eingesetzt werden. Es handelt sich um viermotorige Lockheed-Propellermaschinen mit einer Missionsautonomie von acht bis zehn Stunden, ausgestattet mit Instrumenten zur Beobachtung der Wolken und Hydrometeore und geeignet für Flüge in großer Höhe über den Orkanen. Die ER-2 der NASA unterscheidet sich deutlich davon und erinnert an die Zeit des Kalten Kriegs. Es ist ein stratosphärentaugliches Überschallflugzeug, das aus den amerikanischen Aufklärungsflugzeugen hervorging, den sagenumwobenen U-2, die über dem Gebiet der ehemaligen Sowjetunion deren militärische Kapazitäten ausspionierten. In friedlicheren Zeiten wurden dann einige Exemplare durch Ausstattung mit Radar und Radiometrie für die

ABB. 122 Einige moderne Flugzeuge für die Wolkenforschung. Von links nach rechts und von oben nach unten NOAA P-3, NASA ER-2, BAe-146-301 UK und HALO DLR.

Forschung umfunktioniert. Mehrere europäische Länder haben sich zu solchen Zwecken extra geeignete Flugzeuge zugelegt. In England ist seit Jahrzehnten eine Flotte von Forschungsflugzeugen im Einsatz, deren leistungsfähigstes die BAe-146-301 der British Aerospace ist. Sie gehört einem Konsortium aus dem UK Met Office, dem nationalen Forschungsrat (NRC) und den britischen Universitäten. Es handelt sich um eine vierstrahlige Turboprop-Maschine für die Erforschung von Wolken, Niederschlägen und Spurengasen. In dieser Aufzählung darf auch das High Altitude and Long Range Research Aircraft (HALO) des Deutschen Zentrums für Luft- und Raumfahrt (DLR) nicht fehlen, eine Gulfstream G550 für Stratosphären- und Troposphärenflüge, die über eine hohe Nutzlast für ihre fortschrittliche Instrumentierung (insbesondere zur Fernerkundung) verfügt.

Sie finden es vermutlich schon ziemlich irre, sich mit so fortschrittlichen und schnellen Flugzeugen, wie ich sie beschrieben habe, in die Wolken zu wagen, doch es geht noch kühner. Denn die genannten Maschinen halten zu Gewitterwolken, vor allem wenn Hagel im Spiel ist, aus nachvollziehbaren Gründen einen gehörigen Abstand. Hagelkörner können in der Wolke eine beträchtliche Größe und Wucht erreichen und die strukturelle Integrität des Flugzeugs beeinträchtigen (vgl. Abb. 117). Deshalb muss ein Exemplar gesondert erwähnt werden, das im Vergleich zu den bisher vorgestellten recht unscheinbar wirkt: das North American T-28 Trojan der University of South Dakota School of Mines and Technology (SDSM&T). Die kleine Maschine kann sich sogar mitten in eine Hagelwolke begeben, dank Panzerung an Rumpf und Flügeln, die es zu einer Art fliegendem Tresor machen. Das nur einmotorige Flugzeug ist aufgrund seines Gewichts selbstverständlich nicht so schnell, dafür jedoch so robust, dass es den Einschlag von Hagel während kurzer Erkundungsflüge in den Wolken übersteht. Ich habe so einen Flug während des VORTEX-Projekts selbst einmal beobachtet: Die langsame und extrem laute T-28 Trojan tauchte immer wieder in die Wolke ein und kam offensichtlich unversehrt wieder aus ihr hervor – der Pilot war ein Profi, brauchte aber auch ein gewisses Maß an Unbekümmertheit.

Wie genau gelangt ein Flugzeug in Wolken hinein? Angesichts der Tatsache, dass diese je nach Höhe und Zeitpunkt sehr unterschiedlich strukturiert sind, eine berechtigte Frage. Wo fliegt man rein und warum? Abb. 123 zeigt eine typische Flugroute: Das Flugzeug startet im Bereich unterhalb der Wolke, um den Aufstieg der feuchtwarmen Luft und den möglichen Niederschlag zu dokumentieren, und gewinnt dann in einer 180-Grad-Wende an Höhe, um von unten in die Wolke einzudringen und sich so bis zur Oberseite hinaufzuarbeiten. Aufgrund des hohen Flugtempos ist der Zeitraum, in dem sich das Flugzeug innerhalb der Wolke befindet, minimal. Dennoch lässt sich eine richtige »Tomografie« der Wolke in unterschiedlicher Höhe erstellen und ihr vertikaler und horizontaler Aufbau dokumentieren. Für gewöhnlich werden in einer untersuchten Wolke viele solcher Flüge durchgeführt, während derer das Kontrollzentrum am Boden den Piloten mithilfe von Radarbildern in die interessantesten Bereiche leitet und ihn und seine Maschine zugleich vor den problematischsten Situationen bewahrt.

Worin besteht nun die Forschungsarbeit an Bord eines solchen Spezialflugzeugs inmitten der Wolke? Abb. 124 zeigt die schöne Cessna Citation der University of North Dakota. Sie verfügt über Spezialinstrumente, um während des kurzen Aufenthalts in der Wolke Proben von Hydrometeoren zu nehmen

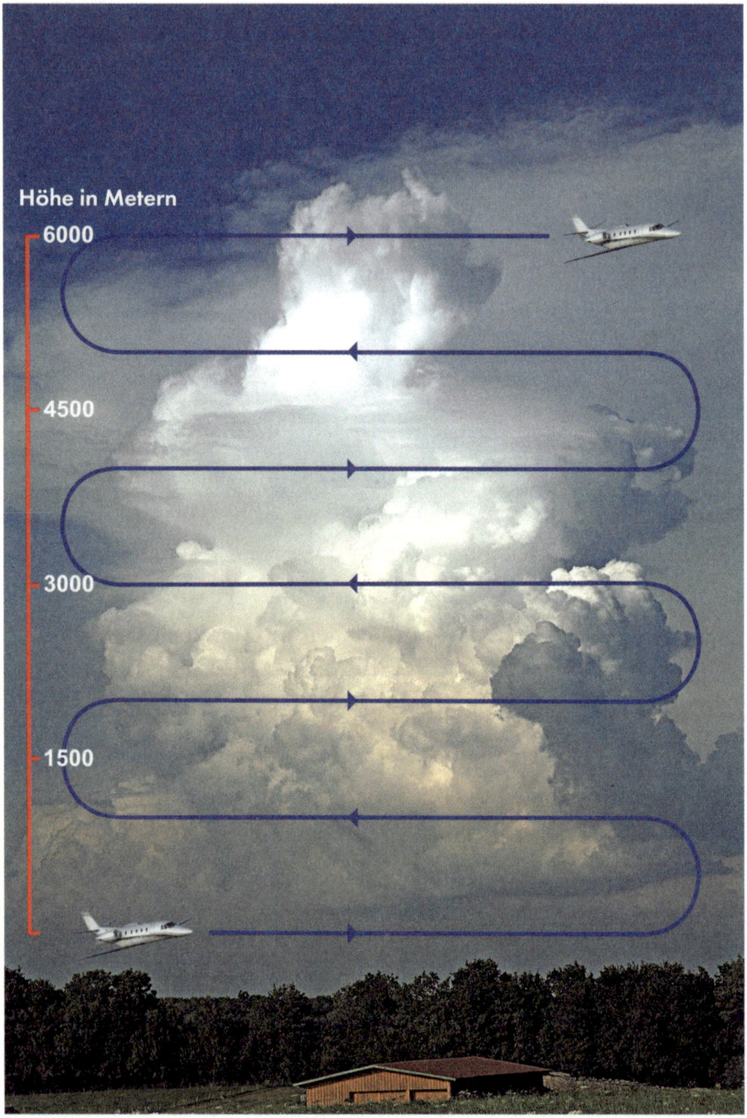

ABB. 123 Flugroute eines Forschungsflugzeugs bei der Erkundung einer Konvektionswolke.

ABB. 124 Eine für Wolkenflüge ausgerüstete Cessna Citation der University of North Dakota (links). Detail des Flügels, der mit einer Vorrichtung zur Sammlung von Niederschlagsproben ausgerüstet ist.

und sie »anzusehen«, was mit normalen Laborinstrumenten nicht möglich wäre, da diese für die Messung eine gewisse Zeit brauchen. In der Zeit, in der sich ein übliches Thermometer zum Beispiel an die Außentemperatur anpassen würde (wie ein Fieberthermometer an die Körpertemperatur), hätte das Flugzeug die Wolke längst wieder verlassen. Daher werden sehr reaktionsschnelle Geräte benötigt, wie sie ebenfalls in Abb. 124 zu sehen sind. Sie befinden sich unter den Flügeln und sind aerodynamisch geformt. Dass sie fast an der Flügelspitze sitzen, hat ebenfalls einen Grund: Sie sollen möglichst weit von den Turbulenzen entfernt sein, die das Flugzeug selbst verursacht, was zwar nicht perfekt funktioniert, aber die größtmögliche Entfernung vom Rumpf ist zumindest eine zufriedenstellende Lösung. So kommt man den Verhältnissen, wie sie in einer »echten« Wolke ohne menschliche Beeinflussung herrschen, noch am nächsten.

Die Technologie für die Probenentnahme ist das Ergebnis intensiver Forschung. In den Anfängen der Wolkenphysik ging man noch ziemlich handwerklich vor: Man bestrich eine Folie aus Plastik, Metall oder Ähnlichem mit Frostschutzmittel und

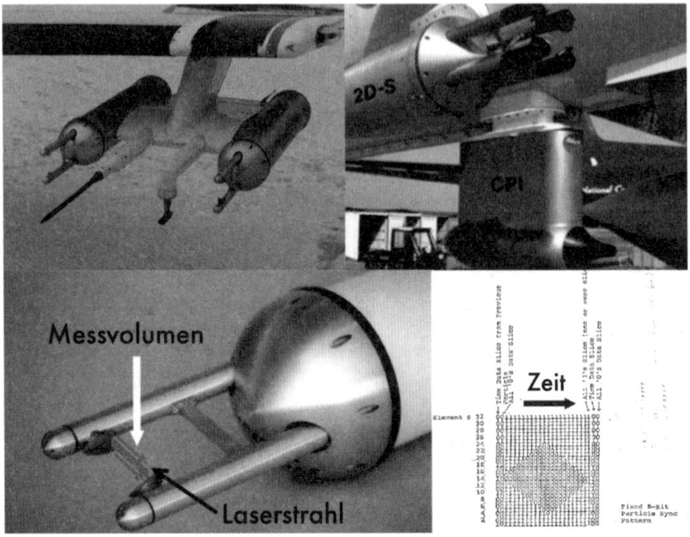

ABB. 125 Das PMS-Gerät zur Vermessung von Hydrometeoren in Wolken. Links oben montiert am Flugzeugflügel; rechts oben die 3-D-Messung; links unten die Messgeometrie mit Laser (Pfeile verbinden die beiden Zinken des Instruments) und Luftströmung (vertikaler Pfeil); rechts unten ein typisches Beispiel für die Darstellung der Form eines durch den Sensor gemessenen Partikels.

befestigte sie auf dem Flügel. Die Tröpfchen und Kristalle, die während des Flugs dagegenprallten, hinterließen einen Abdruck, und nach der Landung brachte man die Folie ins Labor und wertete Zahl, Form und Größe der Einschläge (Krater) aus. Auch so bekam man eine gewisse Vorstellung von der Zusammensetzung der Wolke. Da jedoch kleinere Tröpfchen und Kristalle von der um die Folie herumströmenden Luft davongetragen wurden, statt haften zu bleiben, umfasste die Messung nur die größeren Hydrometeore, was das Ergebnis verfälschte. Es musste also eine bessere Methode her, und als Erstes entwickelte die Firma Particle Measuring Systems (PMS) ein Instrument, das an die Unterseite des Flügels montiert wird (Abb. 125).

Es besteht aus einem Metallzylinder, der aerodynamisch spitz zuläuft, damit die Strömung möglichst wenig beeinflusst wird. Am hinteren Teil befinden sich zwei Metallröhren, die einen kleinen Laser und eine lasersensible Fotodiode beherbergen. Zwischen den beiden strömt die Luft mit den darin enthaltenen Hydrometeoren, die vom Laser angestrahlt werden. Immer wenn ein Hydrometeor den Laserstrahl passiert, wird dieser unterbrochen, was auf der Fotodiode einen dunklen Abdruck hinterlässt. Diese Spuren werden auf dem an Bord befindlichen Computer gespeichert, wobei es sich natürlich um ein zweidimensionales Abbild der dreidimensionalen Hydrometeore handelte – ein Problem, das man durch einen weiteren Laser behob, der im rechten Winkel auf den anderen Laserstrahl traf. Indem die Hydrometeore aus zwei Richtungen durchleuchtet werden, ergibt sich eine dreidimensionale Abbildung. Abb. 126 zeigt Beispiele der Daten, die mit PMS-Geräten während eines Flugs aufgezeichnet wurden. Eine weitere Möglichkeit, virtuelle Proben von Hydrometeoren zu nehmen, bieten hochauflösende Kameras, die Form und Größe der Partikel erfassen (Abb. 127).

Die Fantasie der Forschenden ist da noch lange nicht am Ende. Um sich einen Eindruck vom Zustand der Atmosphäre zu verschaffen, kam man in der Meteorologie als Erstes auf die Idee, an heliumgefüllte Ballons kleine Styroporbehälter mit simplen Messgeräten wie Thermometer, Hygrometer, Druckmessgerät und eventuell noch einen GPS-Sender zu befestigen. Solche Ballons ließ man dann – von der WMO koordiniert – weltweit gleichzeitig in den Himmel steigen. Doch was macht man bei starken Gewittern, in denen die Ballons keine Chance hätten, in große Höhen vorzudringen, weil sie zuvor von starkem Wind, Hagel oder elektrischen Entladungen zerstört würden? In der Technikabteilung des NCAR in Boulder, Colorado,

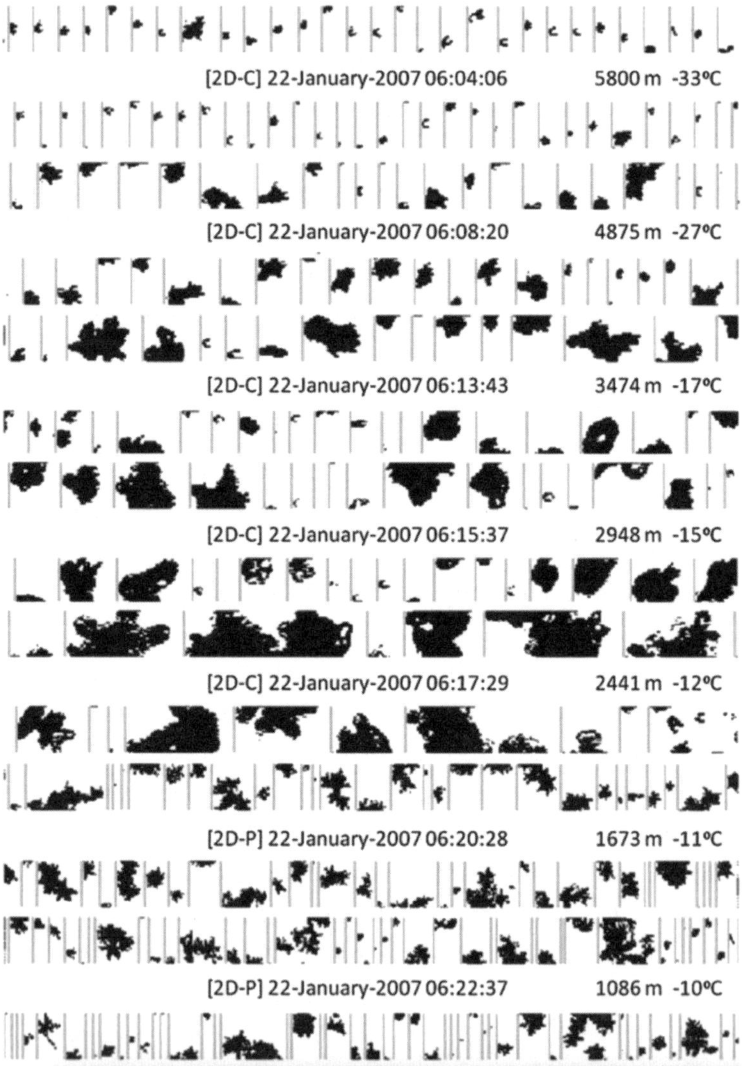

ABB. 126 Aufnahmen von Eiskristallen mit einem PMS-Gerät.

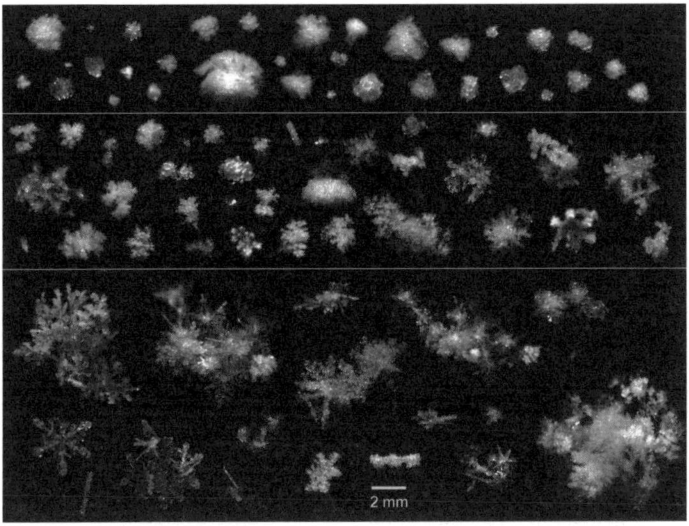

ABB. 127 Aufnahmen von Hydrometeoren mit einer am Flugzeugflügel montierten hochauflösenden Kamera (in: Timothy J. Garrett/ Sandra E. Yuter: Observed Influence of Riming, Temperature, and Turbulence on the Fallspeed of Solid Precipitation, in: Geophysical Research Letters, 41, 18, 28. September 2014, S. 6515–6522).

wurde das Problem gelöst, indem man die Richtung wechselte: Vor einigen Jahren wurde die *Dropsonde* erfunden, die nicht aufsteigt, sondern an einem kleinen Fallschirm befestigt durch die Wolke nach unten fällt. Abb. 128 zeigt eine solche von einem Flugzeug abgeworfene Sonde. Sie übermittelt aus der Wolke die Messdaten kontinuierlich an das Flugzeug, wo ein Computer sie in Echtzeit speichert. So ergibt sich ein sehr präzises und realistisches Bild davon, was in der jeweiligen Höhe vor sich geht.

Wie die traditionellen Forschungsballons können diese Sonden auch autonom arbeiten und werden an Bord von unbemannten Luftfahrzeugen eingesetzt (allgemein unter dem Begriff Drohnen bekannt, Abb. 129). Drohnen wurden ursprünglich

ABB. 128 Die vom NCAR in Boulder, Colorado, entwickelte *Dropsonde* mit aufgespanntem Fallschirm nach dem Abwurf aus einem Flugzeug (© UCAR, Foto von Carlye Calvin).

für den militärischen Einsatz entwickelt, es stellte sich dann aber schnell heraus, dass sie bei der Überwachung der Atmosphäre Zeit und Geld sparen und Messkampagnen ermöglichen, ohne das Leben von Piloten und Wissenschaftlerinnen aufs Spiel zu setzen. Sie können doppelt so hoch fliegen wie gängige Flugzeuge und bis zu 26 Stunden autonom unterwegs sein. Abgesehen davon müssen Drohnen noch nicht einmal mitten hinein in die Wolken, da sie mit modernster Technik zur Fernerkundung und den eben beschriebenen Dropsonden ausgerüstet sind.

Ich habe schon mehrfach von meteorologischer Radartechnik und ihrer Anwendung in der Wolkenphysik gesprochen. Auch wenn eine ausführliche Abhandlung den Rahmen dieses Buchs sprengen würde, möchte ich doch kurz erklären, wie sich mithilfe solcher Instrumente die innere Struktur einer Wolke erfassen lässt, während man bequem am Schaltpult eines Labors sitzt. »Radar« ist das Akronym für *Radio Detection And Ranging*, was den Zweck des Geräts beschreibt: Es sendet elektromagnetische Wellen aus, die gegen ein Hindernis prallen und von diesem reflektiert werden, wodurch sie Angaben über die Entfernung zwischen Radargerät und Hindernis (Ziel) liefern. Die Instrumente in ihrer modernen Form wurden wäh-

ABB. 129 Das unbemannte Luftfahrzeug Global Hawk der NASA (NASA).

rend des Zweiten Weltkriegs entwickelt, doch bereits zu Beginn des 20. Jahrhunderts waren Wissenschaftler wie Guglielmo Marconi mit seinem Radiotelemeter dieser Technik auf der Spur. In der Wolkenphysik gehören Radarmessungen zu den wichtigsten Methoden, da sie den Niederschlag und seine Intensität bestimmen können; Doppler-Radar wird für Windfeldmessungen eingesetzt. Für die Wolkenforschung heute am wichtigsten sind allerdings polarimetrische Radare, die die transversale (das heißt zur Richtung ihrer Fortpflanzung senkrechte) Ausbreitung der elektromagnetischen Wellen, also deren Polarisation, nutzen. Üblicherweise werden die horizontale und vertikale (H/V) und die rechtszirkulare und linkszirkulare (RHC = *right-hand circular polarization*, LHC = *left-hand circular polarization*) Polarisierung genutzt. Die jeweilige Reflexion der Wellen durch die Hydrometeore gibt Auskunft über ihre Form, Orientierung und auch über ihre Phase (flüssig oder fest). Gerade wird das weltweite Netz meteorologischer Radargeräte modernisiert, um diese Technik für präzise kurzfristige Wettervorhersagen nutzen zu können, insbesondere von Starkniederschlag. Ein aussagekräftiges Beispiel für die Möglichkeiten polarimetrischer Radare zeigt Abb. 130 anhand eines hagelträchtigen Gewitters.

Nicht immer jedoch sind Wolken lokal begrenzte und überschaubare Phänomene. Wie wir im folgenden Kapitel sehen werden, können sie sich über weite Gebiete erstrecken und betreffen nicht nur die Meteorologie, sondern auch die Hydrologie und Klimaforschung. Aus diesem Grund hat sich die Wolkenphysik nach vielen fruchtbaren Jahren im Labor aus diesem hinausbegeben ins große Labor der Atmosphäre. In der Tat sind Beobachtungsinstrumente in viel größerem Maßstab nötig, die

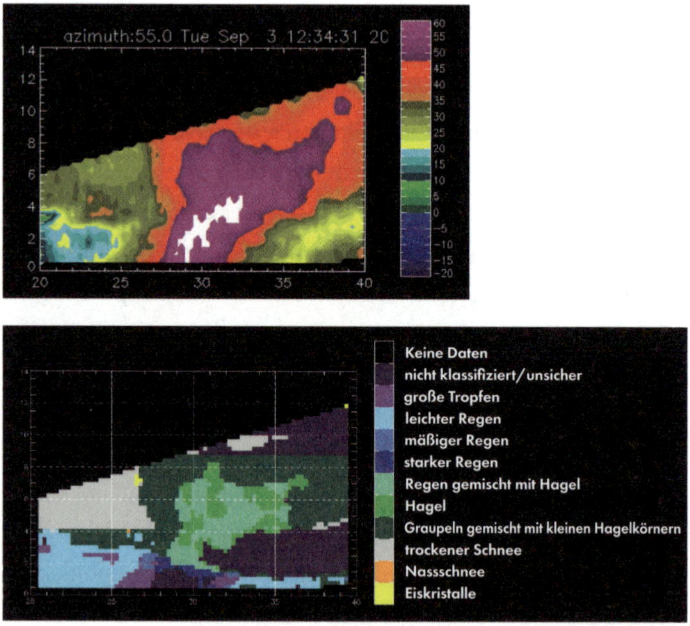

ABB. 130 Polarimetrische Klassifikation einer hagelträchtigen Gewitterwolke. Oben Reflektivität der Wolke in dBZ (im weißen Bereich lag die Messung wegen großer Hagelmengen außerhalb der Skala). Unten Klassifikation der Hydrometeore in Wolken. Die Zahlen auf den Achsen geben die vertikale und horizontale Distanz zum Radar in km an (Pier Paolo Alberoni, Arpae Servizio Idro-Meteo-Clima).

systematische und wiederholbare Messungen liefern. Eine globale Wolkenforschung kann daher nur mithilfe von Satelliten stattfinden, die die Erde kontinuierlich mit der nötigen räumlichen und zeitlichen Auflösung beobachten. Damit beschäftige ich mich seit geraumer Zeit, um »näher« an die Wolken heranzukommen. Klingt paradox, schließlich habe ich bisher behauptet, der einzige Weg, die Wolken aus ihrem Inneren heraus zu erforschen, bestehe darin, sich irgendwie in sie hineinzubegeben. Das stimmt einerseits, andererseits sagt eine individuelle Wolke an einem bestimmten Ort noch lange nicht alles über die Gesetzmäßigkeiten der Wolkenbildung und ihre Interaktion mit ihrem Umfeld. Generelle Aussagen lassen sich nur anhand von Daten treffen, die zwar vor Ort, aber eben regelmäßig unter unterschiedlichen physikalisch-chemischen Bedingungen gesammelt wurden. Und das ist die Aufgabe der Satelliten. Die wiederum befinden sich eben nicht *in* den Wolken – wie also werden sie für deren Erforschung eingesetzt?

Der Television InfraRed Observation Satellite-1 (Tiros-1) wurde als erster Wettersatellit am 1. April 1960 erfolgreich in den Orbit geschossen. Er hatte eine Filmkamera an Bord, die 78 Stunden lang Daten sendete, bevor sie sich abschaltete. Seither haben die Satelliten-Meteorologie, die Satelliten selbst und die an Bord befindlichen Instrumente einen hohen Grad an Perfektion und Komplexität erreicht. Neben Sensoren, die ähnlich wie Fotoapparate aufnehmen, was man mit bloßem Auge sehen könnte, und Infrarotmessgeräten wie bei Thermometern sind inzwischen auch Mikrowellen-Sensoren und eben Radar im Weltall im Einsatz. Aktuell befindet sich eine Flotte von mehreren Dutzend Wetter- und Klimasatelliten in der Umlaufbahn, die die gesamte Atmosphäre aus verschiedenen, sich ergänzenden Blickwinkeln abscannen.

Erdbeobachtungssatelliten arbeiten wie die Radartechnik vom Boden aus nach dem Prinzip der Fernerkundung, das heißt, dass von Weitem die unterschiedlich langen Wellen registriert werden, die Wolken aussenden oder reflektieren. Auch die Radare entsprechen denen am Boden, nur Wellenlängen und Aufnahmegeometrie unterscheiden sich je nach Höhe und Satellitennavigation. Tiefer will ich in die Materie nicht einsteigen, damit es nicht langweilig wird, aber mir war wichtig, die Herangehensweise und den Einsatzzweck bestimmter Sensoren zu erklären.

Entscheidend ist auch im Fall der Satelliten eine dreidimensionale Perspektive, weswegen Sensoren nötig sind, die in die Wolken eindringen, und dafür sind Mikrowellen-Sensoren und Radar am besten geeignet. Die wichtigste Mission in dieser Hinsicht ist das Global Precipitation Measurement (GPM), an dem mehrere europäische Länder, auch Italien und Deutschland,

ABB. 131 Das Core Observatory (der Hauptsatellit) der Global Precipitation Measurement-Mission der NASA (NASA).

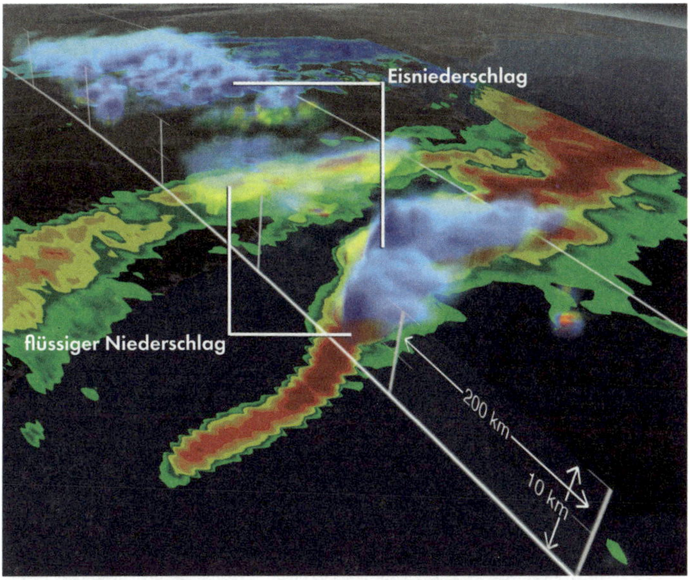

ABB. 132 Der erste durch GPM beobachtete Schneesturm am 17. März 2014. Der feste Niederschlag ist blau dargestellt, der flüssige rot (NASA).

beteiligt sind (Abb. 131). Mikrowellenradiometer und Radare dieser Satellitenkonstellation liefern ein völlig neues Bild der Wasser- und Eiszusammensetzung der Wolken während ihrer Entwicklung. Bisher war es undenkbar, bei der globalen Wolkenbeobachtung Wasser und Eis so eindeutig zu trennen, dass dabei Daten herauskommen, die sich für Wettervorhersagen und Klimamodelle verwerten lassen. Auf Abb. 132 ist zu sehen, dass wir die Wolken vom Weltraum aus nun in all ihrer Komplexität sehen können, auch während sie zum Beispiel Schnee produzieren. Was das aus globaler Sicht bedeutet, lässt sich der Weltkarte zu flüssigem und festem Niederschlag in Abb. 133 entnehmen. Die beiden Abbildungen zusammen vermitteln eine sehr genaue Vorstellung davon, dass unser Wissen über

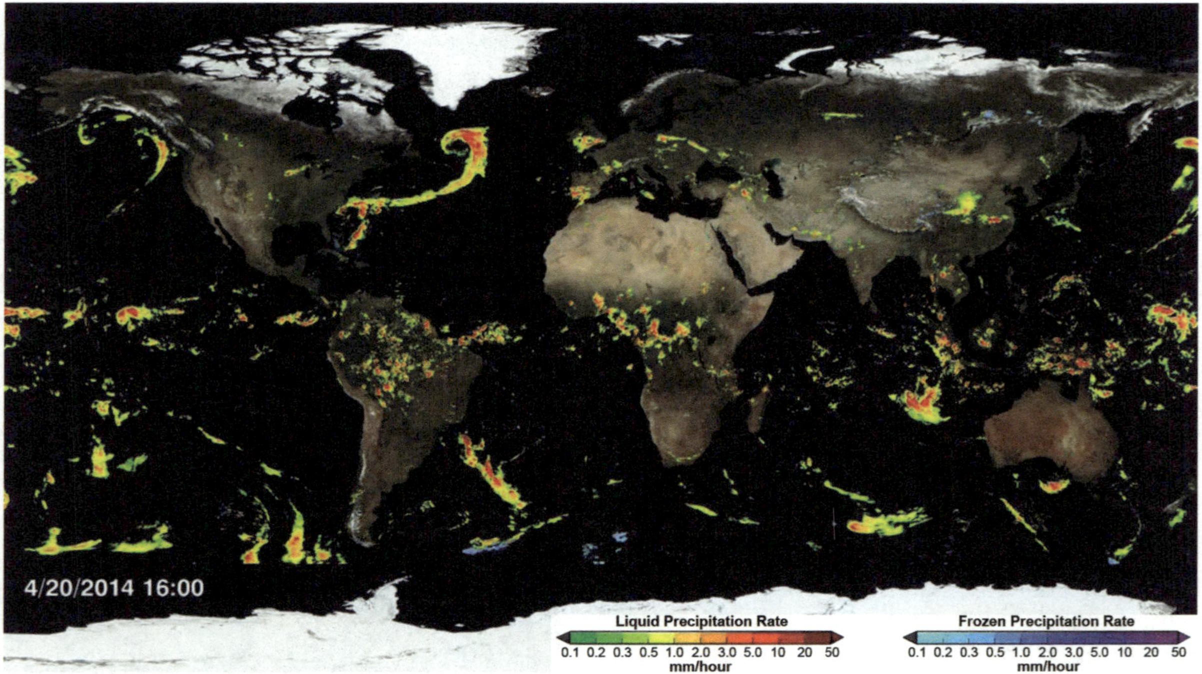

ABB. 133 Von der GPM-Satellitenkonstellation erstellte Weltkarte der Niederschläge. Zum ersten Mal enthält so eine Karte feste und flüssige Niederschläge, und die Erdoberfläche ist vom 60. nördlichen bis zum 60. südlichen Breitenkreis erfasst (NASA).

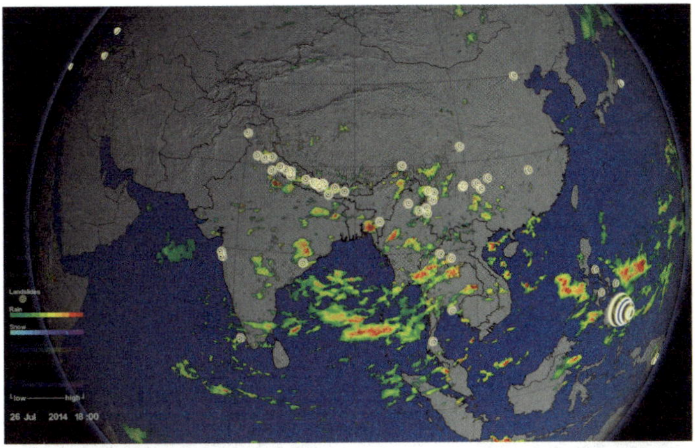

ABB. 134 Der Einsatz von Satelliten zur Überwachung von Erdrutschen und Bergstürzen in kritischen Zonen, in diesem Fall im Himalaja, einer der am häufigsten betroffenen Regionen der Erde. Die Kreise markieren die Gebiete mit den meisten Erdrutschen (Frequenz und Ausmaß).

Niederschlagsphänomene beträchtlich zugenommen hat, im gleichen Maße wie uns Daten zur Verfügung stehen, mit denen sich kurz- und mittelfristige Vorhersagen treffen lassen. Wettervorhersagen sind selbstverständlich nicht die einzigen menschlichen Aktivitäten, die von diesem neuen Blick auf Wolken und Niederschläge profitieren. Abb. 134 zeigt eine Anwendung, die nur wenigen vertraut, aber von großer Bedeutung für den Schutz von Land und Menschenleben ist. In bestimmten Gebieten der Erde, die von großen Bergketten und höchst instabilen Bodenverhältnissen bestimmt werden, verursachen Niederschläge häufig Erdrutsche und Bergstürze. Gerade im Himalaja handelt es sich dabei oft um Katastrophen biblischen Ausmaßes mit Tausenden Toten, doch auch in Italien kommt es angesichts des Reliefs und der hydrogeologischen Gegebenheiten zu solchen Unglücken. In Deutschland haben im Juli 2021 heftige

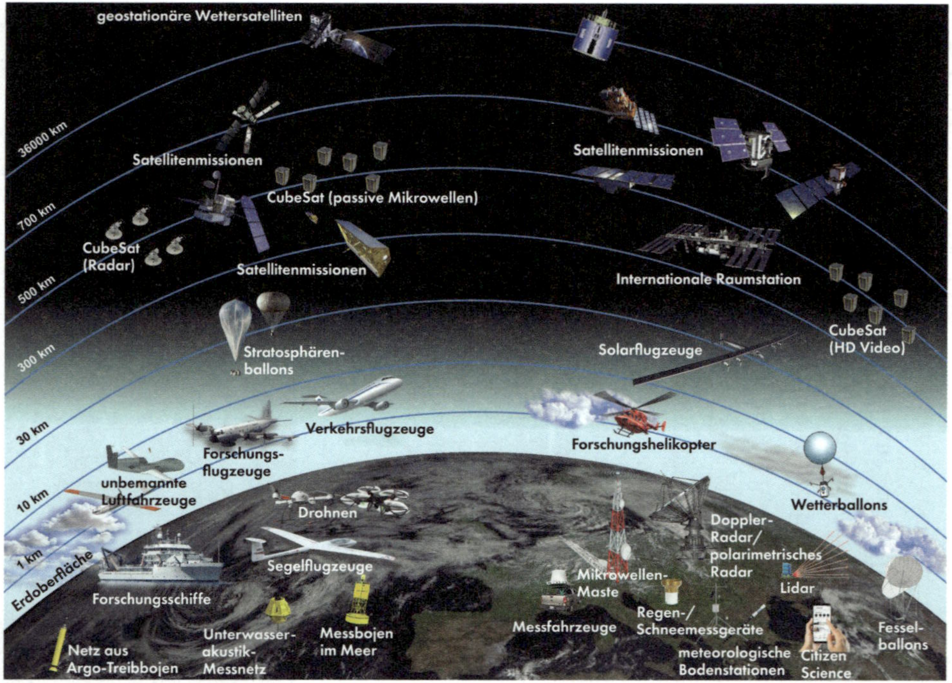

ABB. 135 Die für die globale Datenauswertung der WMO genutzten Beobachtungssysteme für Wolken und Niederschläge.

Niederschläge im Ahrtal zu einer schrecklichen Hochwasserkatastrophe mit zahlreichen Todesopfern geführt.

Damit sind wir am Ende unserer Reise durch die Wolken angekommen. Wie Sie sehen, haben sich Menschen im Lauf der Zeit jede Menge Methoden ausgedacht, um die physikalischen und chemischen Vorgänge zu durchschauen, die zur Wolkenbildung und -entwicklung führen. Tatsächlich sind die Beobachtungssysteme noch viel ausgefeilter, als ich es in der gebotenen Kürze habe darstellen können. Auf viele Bestandteile dieses engmaschigen Systems habe ich nicht eingehen können, sie sind aber auf Abb. 135 zusammengestellt: von geostationären Satelliten, die in 36 000 Kilometern Höhe unterwegs sind, bis hin zu den vielen Freiwilligen, die sich mit ihren Smartphones an den weltumspannenden Messbemühungen beteiligen (was mit dem englischen Begriff *Citizen Science* bezeichnet wird). All diese Beobachtungsdaten sind immens wichtig, um sowohl das Wetter der nächsten Tage als auch die Klimaveränderungen der nächsten Jahre analysieren und vorhersagen zu können. Wie das geht, möchte ich in den nächsten beiden Kapiteln erklären.

SIEBEN

DIE METEOROLOGIE UND DIE WOLKEN

Besser, man sieht sich die Wettervorhersage an,
bevor man für Regen betet.

Mark Twain, *More Maxims of Mark*, 1927

Wie wir gesehen haben, ist die Wolkenphysik aus vielen Gründen eng mit der Meteorologie verknüpft – aber dasselbe sind die beiden Disziplinen nicht. Die Meteorologie beschäftigt sich mit dem aktuellen und zukünftigen Zustand der Atmosphäre, deren vielleicht wichtigster Bestandteil die Wolken sind, doch haben meteorologische Voraussagen definitiv eine breitere Perspektive.

Nach allem, was ich bisher erklärt habe, liegt die Idee nahe, wir alle könnten das Wetter vorhersagen, indem wir die Wolken beobachten und versuchen, ihre Entwicklung zu deuten. Prinzipiell trifft das sogar zu, allerdings hat diese Herangehensweise enge Grenzen. Ein Blick gen Himmel gestattet jedenfalls keine Aussagen über das Wetter in 24, 36 oder 48 Stunden. Informationen über das unmittelbar bevorstehende Wetter können wir den Wolken, ihrer Farbe und Form, ihrer Entwicklungsgeschwindigkeit, ihrer Herkunft und anderen kleinen Details aber durchaus entnehmen. Ich möchte an einigen Beispielen erläutern, wie sich das Wissen aus den vorausgehenden Kapiteln dafür nutzen lässt.

Nehmen wir einen bis dahin wolkenlosen blauen Himmel, an dem nun hohe und feine Wolken auftauchen, *Cirrus*-Wolken, die nach und nach immer deutlicher ins Auge stechen, bis man schließlich *Cirrostratus*-Wolken sieht, auf jeden Fall immer dichtere Wolken: Dies ist der Hinweis auf eine herannahende Kaltfront und eine Wetterverschlechterung in den nächsten Stunden. Es drohen Gewitter, die Temperatur wird fallen, es wird regnen.

Wenn im Winter trübes Wetter mit eingeschränkter Sicht herrscht und der Himmel sich mit *Stratus*-Wolken bedeckt, haben wir es mit einer vorbeiziehenden Warmfront zu tun. Sehr wahrscheinlich werden sich die *Status*- in bleigraue *Nimbostratus*-Wolken verwandeln, aus denen Regen oder, wenn in Bodennähe um die null Grad herrschen, sogar Schnee fällt. Also das typische Schneewetter, von dem schon öfter die Rede war.

Das Herannahen eines Gewitters im Sommer ist besonders leicht zu erkennen: *Cumulus*-Wolken türmen sich auf und verwandeln sich rasch in immer dunklere und bedrohlichere *Cumulus congestus*. Bei uns auf dem Land läuteten die Pfarrer früher immer die Sturmglocke, wenn sie die Gewitterzeichen vom Glockenturm aus sahen, um die Bauern zu warnen (die das längst schon selbst begriffen hatten). Wenn die *Cumulonimbus*-Wolken anrücken, wird es ernst, denn dann beginnt das richtige Gewitter mit Platzregen und in der Regel Blitz und Donner. Wenn der Himmel noch dunkler wird, befinden wir uns wohl im Bereich der Hagel- oder Graupelsäule, was unseren Autos und Gärten nicht besonders guttut. In der Zwischenzeit ist die Temperatur spürbar gesunken, weil wir uns im Bereich des Abwinds befinden, der die kalte Luft aus dem oberen

Wolkenbereich bis hinunter zum Boden transportiert. An heißen und schwülen Sommertagen empfinden wir diese Abkühlung als angenehm, doch kaum ist das Gewitter abgezogen, brennt die Sonne wieder herunter, und die Feuchtigkeit, die der Regen brachte, zieht unweigerlich weitere Schwüle nach sich.

Wer sich bei einem Gewitter im Reifestadium an der richtigen Stelle befindet, kann möglicherweise *Mammatus*-Wolken beobachten, die aus dem Amboss der Gewitterwolke heraushängen – ein gutes Zeichen, das auf das Abklingen des Gewitters und Wetterbesserung hindeutet.

Manche besonders auffälligen Phänomene lassen sich unter Berücksichtigung der Farbe des Himmels erklären. Eines davon ist der Transport von Sand aus der Sahara in Richtung Norden. Ein mehr oder weniger wolkenloser Himmel, der eigentlich blau sein müsste, ist vom Sand rötlich verfärbt, die Sonne ist verschleiert und von einem Lichthof (Halo) umgeben. Wenn dann Regen fällt, mischt er sich mit dem Sand und hinterlässt unter anderem auf Fensterscheiben eine Schmutzschicht. Sobald man mit dem Finger drüberfährt, spürt man – Sand.

Eine weitere Ausnahmeerscheinung ist im Winter Schnee, der aus einem offensichtlich wolkenlosen Himmel fällt. Was hat das nun wieder zu bedeuten? Mit ziemlicher Wahrscheinlichkeit steht in der Nähe dieses sehr begrenzten Phänomens eine Industrieanlage, die Aerosolpartikel in die Luft entlässt. Diese dienen dann als Eiskeime für den Dampf, der in Bodennähe in großer Menge vorhanden ist. Dieser Schnee ohne Wolken ist der sogenannte chemische Schnee oder Industrieschnee, also kosten Sie besser nicht davon – wie man es als Kind mit echtem Schnee gerne gemacht hat –, das ist Ihrer Gesundheit alles andere als zuträglich. Übrigens sollte man das heutzutage auch mit dem richtigen Schnee nicht mehr machen. Unsere

Luft ist nämlich stark belastet, und der Schnee wirkt wie ein Besen, der den ganzen Schmutz, den wir in die Atmosphäre entlassen, aufkehrt.

Die Wolken, vor allem die Niederschlagswolken, interessieren diejenigen, die sich den Wetterbericht ansehen, am meisten. Wird's regnen, wenn ich mit dem Boot rausfahre? Kann meine Hochzeitsfeier unter freiem Himmel stattfinden? Wird dieser Sommer heißer als üblich? Vergleichbare Fragen stellen sich auch alle, die beruflich Entscheidungen treffen müssen, die vom Wetter abhängen. Wettervorhersagen spielen eine entscheidende Rolle in der Hydrologie und Wasserwirtschaft (Stichwort Dämme), in der Landwirtschaft, beim Verkehr, der öffentlichen Ordnung, im Bauwesen, in der Veranstaltungsbranche, im Tourismus und so weiter. Alle haben unterschiedliche Informationsbedürfnisse, auch was Zeitspanne und räumliche Ausdehnung der Vorhersagen betrifft. Bestimmte Fragen kann die Meteorologie inzwischen befriedigend beantworten, andere noch nicht verlässlich genug. Heute sind recht präzise Wettervorhersagen bis zu 72 Stunden, also drei Tage im Voraus, möglich. Über diese Zeitspanne hinaus werden sie immer unsicherer und können nur grobe Anhaltspunkte liefern. Aussagen über eine ganze Jahreszeit oder gar über klimatische Veränderungen sind ziemlich gewagt und können schon gar nicht mehr als Vorhersagen bezeichnet werden; es sind eher »Szenarien mit einer gewissen Wahrscheinlichkeit«.

Numerische (das heißt rechnergestützte) Wettervorhersagen werden mit der fortschreitenden Entwicklung der EDV und dem Ausbau der Speicherkapazitäten ständig optimiert. Heute passen Wettermodelle auf Laptops, die über eine viel größere Rechenleistung verfügen als früher Computer, die ganze Räume ausfüllten. Genauer kann ich hier nicht auf solche Vorhersagemodelle eingehen, aber ich möchte erklären, welche Rolle die Wolken dabei spielen und was die Modelle über Wolkenbildung und Niederschlag aussagen können. Ich fange mit dem kleinsten zeitlichen Maßstab an, um deutlich zu machen, worum es hier geht.

Allen, die nicht mehr die Allerjüngsten sind, fällt zum Thema kurzfristige Wettervorhersage ein, was frühere Generationen, vor allem auf dem Land, taten: Sie guckten in den Himmel und waren aufgrund ihrer Erfahrungen in der Lage zu prognostizieren, wie in ein paar Stunden oder auch am nächsten Tag das Wetter in ihrer Region werden würde. Basierten diese Prognosen auf Ammenmärchen, Fantasie, drolligen Wetterregeln oder der Realität? Schwer zu sagen, weil meteorologische Bedingungen so unterschiedlich und komplex sind, doch häufig war an den Wetterregeln und dem Blick in den Himmel durchaus etwas dran. Die Bauern waren es gewohnt, auf ihre Umgebung zu achten und sich zu merken, aus welcher Richtung das schlechte Wetter, der Regen, der Wind oder auch stundenlanger Sonnenschein kamen. Hexerei ist das nicht, sondern beruht auf der Tatsache, dass Luftströmungen, Fronten, Gewitter bestimmte Bedingungen brauchen (Herkunft der Luftmassen, Ursachen wie zum Beispiel Berge), die in einem Gebiet immer wieder auftreten. Insofern ist die Wetterregel »Wolken über der Litegosa künden schlechtes Wetter an« aus dem Fleimstal in den Dolomiten, wo ich viele Sommer meines Lebens verbracht habe, absolut nachvollziehbar. Die Strömungen entstehen jenseits der Lagorai-Kette und lassen Wolken entstehen, die wenige Stunden später im Fleimstal für Niederschlag sorgen. Das ist ein Beispiel für Wettervorhersagen, die auf einer Art Gedankenmodell meteorologischer Ereignisse basieren, und dieses Gedankenmodell ist nichts anderes als der Archetyp eines bestimmten Wetterphänomens, dessen Entstehungsvoraussetzungen nachvollziehbar sind. Allein auf die Intuition der Landbevölkerung (bei allem Respekt vor altem Erfahrungswissen) brauchen wir uns heute allerdings nicht mehr zu verlassen. Es gibt da noch ein paar weitere Möglichkeiten …

In der Meteorologie wird die Nutzung der im Lauf der Zeit gewonnenen Erkenntnisse über Wetterlagen als *Nowcasting* bezeichnet, ein Begriff, den Keith Browning 1982 bei einem Symposium aus den Wörtern *now* (jetzt) und *forecasting* (Vorhersage) kreierte. Es ist definiert als die genaue Beschreibung des aktuellen Wetters und der in den nächsten Stunden zu erwartenden Veränderungen. *Nowcasting* stützt sich auf die Beobachtungen der atmosphärischen Bedingungen in Echtzeit und nutzt Daten von Wetterstationen am Boden, Radiosonden, Wetterradaren, Beobachtungen, Satellitensensoren, lokaler Luftzirkulation und so weiter. Es handelt sich eigentlich um Extrapolationen, also die näherungsweise Berechnung der unmittelbaren Zukunft aus der aktuell feststellbaren Situation. Insofern hat es eine sehr beschränkte zeitliche Reichweite von null bis zwölf Stunden, manchmal gar nur von drei bis sechs. Im Grunde versucht das *Nowcasting* die Lücke zwischen dem aktuellen Zeitpunkt und den numerischen Vorhersagenmodellen zu schließen. Es rekurriert dabei auf Gedankenmodelle von atmosphärischen Prozessen, die von den Gleichungen, die den numerischen Vorhersagen zugrunde liegen, noch nicht hinreichend beschrieben werden können. Es versteht sich von selbst, dass die dabei in den Blick genommenen Phänomene eine begrenzte Reichweite haben: Es geht um Tornados, Hagel, Konvektionsgewitter, Starkwind, lokal begrenzten Starkregen, Nebel und andere Sichtbeeinträchtigungen sowie winterliche Niederschläge, also Schnee, gefrierenden Regen, Eisregen und Ähnliches.

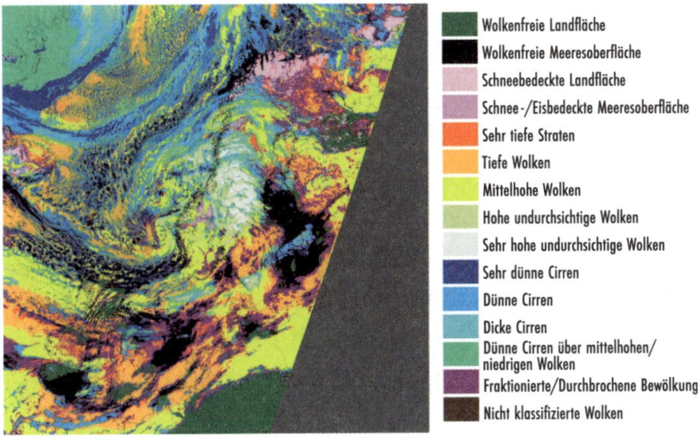

ABB. 136 Klassifikation von Wolken über Skandinavien und Nordeuropa auf der Grundlage von Bildern eines polarumlaufenden Wettersatelliten (Swedish Meteorological and Hydrological Institute, © Eumetsat).

Das *Nowcasting* entstand mit der Verfügbarkeit der Daten verschiedener Fernerkundungstechniken, vor allem Radar und Satelliten, die die Atmosphäre kontinuierlich und in Echtzeit überwachen. Ein Radar in Aktion ist immerhin in der Lage, alle 15 Minuten einen vollständigen Scan des von ihm erfassten Atmosphärenvolumens zu liefern, ebenso häufig können auch die geostationären Wettersatelliten in 36 000 Kilometern Höhe ihre Bilder liefern, wenn nötig sogar öfter. Daher stammen die Daten für die Beobachtung der Niederschlagsentwicklung zum größten Teil aus diesen beiden Systemen.

Satelliten können auf sehr vielfältige Weise große Gebiete des Globus abdecken, und die Verlässlichkeit ihrer Beobachtungsdaten ist unübertroffen, weswegen sie ganz hervorragende Standorte sind, um Wolken zu beobachten, zu klassifizieren und ihre Entwicklung zu beurteilen. Auf Abb. 136 ist zu sehen, wie detailliert sich Wolken dank der Satellitendaten inzwischen analysieren lassen. Sie werden automatisch durch ein Computerprogramm mit perfekten Algorithmen klassifiziert, sodass Menschen nur noch für die Qualitätskontrolle nötig sind. Solche Bilder werden ständig aktuell an Meteorologinnen und Meteorologen übermittelt, die anhand der Wolkenentwicklung tagtäglich die Wetterprognosen erstellen. Ganz eindeutig lässt sich auf diesen Abbildungen zum Beispiel die Entwicklung von Gewittern erkennen, natürlich vor allem durch den Vergleich mehrerer zeitlich aufeinanderfolgender Bilder, aus denen sich entnehmen lässt, in welchem Stadium es sich befindet (in der Entstehung oder in Auflösung) und wo es hinzieht.

Diese Methode zur Beobachtung von Wolkengebilden ist in der Meteorologie aus verschiedenen Gründen ausgesprochen nützlich. Zwei im Abstand von 15 Minuten aufgenommene Bilder geben Auskunft darüber, wie und wohin sich eine Wolke in der Atmosphäre bewegt, mit mehreren aufeinanderfolgenden Bildern lässt sich dann auch ihre Geschwindigkeit bestimmen. Die ist zwar nicht eins zu eins mit der Windgeschwindigkeit an der Wolkenoberseite gleichzusetzen, bietet aber einen guten Anhaltspunkt. Mit der Bewegungsgeschwindigkeit der Wolke und der Höhe ihrer Oberseite kann man recht verlässlich ein Windfeld bestimmen. Abb. 137 zeigt eine aus Daten des Satelliten Meteosat erstellte Karte der Windgeschwindigkeit in Stundenkilometern. Solche Karten sind inzwischen unverzichtbar für die Initialisierung von numerischen Vorhersagemodellen und ergänzen perfekt die Messungen von Wetterballons, da sie alle 15 Minuten verfügbar sind, während die Daten der Wetterballons nur zwei- bis dreimal täglich übermittelt werden und nur deren begrenztes Beobachtungsgebiet umfassen. Windkarten können zur Berechnung der Zugbahnen von Wolkensystemen herangezogen werden.

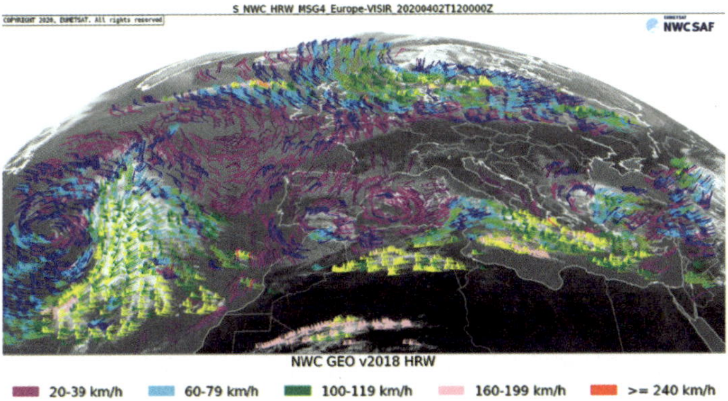

ABB. 137 Eine Karte der Windgeschwindigkeit, erstellt mithilfe von Meteosat-Daten (© Eumetsat).

Meteorologische Radare, die ich im vorigen Kapitel kurz beschrieben habe, werden im *Nowcasting* ausgesprochen oft eingesetzt, da sich damit der Zustand der bewölkten Atmosphäre in sehr kurzen Zeitabständen beurteilen lässt. Aus einer Abfolge von Bildern werden die Radarechos in unmittelbarer Zukunft und damit die Bewegung von Gewitterzellen oder allgemein Störungen berechnet. Dafür gibt es eine Reihe von Methoden, deren einfachste die lineare Extrapolation der Bewegung der Gewitterzellen ist, die allerdings häufig mögliche dynamische und mikrophysikalische Entwicklungen außer Acht lässt. Die neuesten Methoden basieren auf den ausgefeilten Möglichkeiten der künstlichen Intelligenz und des maschinellen Lernens, die einem Algorithmus ermöglichen, aus einer riesigen Menge von Einzeldaten zu »lernen«, also diese als Basis für die Prognose zur zeitlichen Entwicklung der jeweiligen speziellen Gewitterzelle heranzuziehen.

Es gibt viele verschiedene *Nowcasting*-Systeme auf der Grundlage von Radardaten. Eines der modernsten ist das Forecasting a Continuum of Environmental Threats (Facets) von NOAA/NSSL, das Extremwetterereignisse prognostizieren soll und so konzipiert ist, dass Warnmeldungen in kürzester Zeit, in verständlicher Form und zugeschnitten auf die individuellen Bedürfnisse bei den Nutzerinnen und Nutzern ankommen.

Damit wird verständlich, warum möglichst nahe und schnelle Radaraufnahmen der Schlüssel zur genaueren Berechnung der Zugbahn und Entwicklung von Niederschlagssystemen mit Schadenspotenzial sind. Von 2003 bis 2016 wurde beim NSSL der Multifunction Phased Array Radar (MPAR) erprobt, der aus einer Matrix kleiner Antennen auf einer ebenen Platte besteht, die man elektronisch in hoher Geschwindigkeit rotieren lässt. Der in der Probephase befindliche Nachfolger des MPAR wird zur Modernisierung der Radarnetze beitragen und sie für die Überwachung von sich schnell entwickelnden Niederschlagssystemen noch flexibler gestalten.

Die Beobachtungssysteme neuester Bauart ermöglichen also Wolkenbeobachtungen, die weit über die schlichten Forschungsabsichten der Wissenschaft hinausgehen, und bieten anwendungsorientierte Lösungen für Verantwortliche, die beispielsweise bei Extremwetter relevante Entscheidungen des Zivilschutzes treffen müssen. Darüber hinaus erleichtern Aussagen zur Erwartung von Niederschlägen mit unterschiedlichem Zeithorizont auch der staatlichen und privaten Wasserwirtschaft den Umgang mit der kostbaren Ressource. Die Relevanz der angewandten Meteorologie gerade auch im Bereich des Verkehrs braucht nicht extra hervorgehoben zu werden; insbesondere der Luftverkehr hat dadurch ein Sicherheitslevel erreicht, das vor Jahrzehnten noch undenkbar war. Größere Unfälle, sei es in der Luft, zu Wasser oder an Land, passieren immer seltener aufgrund von Extremwetterereignissen, eben weil es uns in-

ABB. 138 Ein an einem Flughafen eingesetzter Windprofiler (vertikal ausgerichtetes Radar).

zwischen immer besser gelingt, sie mitsamt ihrer möglichen Auswirkungen vorherzusehen.

Eine besondere Rolle beim modernen *Nowcasting* spielt ein vertikal ausgerichtetes Radarsystem mit hoher zeitlicher Auflösung, der Windprofiler (Abb. 138). Er sendet in rascher zeitlicher Folge elektromagnetische Signale nach oben und zeichnet das Echo der Wolken und der Atmosphäre auf, sodass am Messort kontinuierlich Informationen über die im Höhenverlauf variierende Windgeschwindigkeit zur Verfügung stehen. Der praktische Nutzen ist vor allem in der schnellen Verfügbarkeit der Daten zu sehen, aus denen sich kleinste Veränderungen des Windfelds ablesen lassen, auch tückische, die auf Gewitter hindeuten. Besonders wertvoll ist dieses Wissen für Flughäfen, um Starts und Landungen auch bei Störungen und instabilen Wetterlagen sinnvoll steuern zu können.

Das *Nowcasting* ist jedoch nicht der einzige Bereich meteorologischer Prognosen, bei denen Wolken eine Rolle spielen. Kurz-, mittel- und langfristige Wettervorhersagen werden mithilfe numerischer Modelle erstellt, die vom aktuellen Zustand der Atmosphäre ausgehend die weitere Entwicklung mittels Gleichungen der Fluid- und der Thermodynamik und des Strahlungstransports prognostizieren. Sie stellen die Basis für die Wettervorhersagen dar, die wir alle uns tagtäglich aus dem Internet, Radio oder Fernsehen holen. Was genau die Wolken damit zu tun haben, möchte ich jenseits der komplexen Modelle und Berechnungen, die dazu nötig sind, zu erklären versuchen.

Numerische Vorhersagemodelle beziehen Wolken in zwei Bereichen ein: Einerseits geht es um die Mikrophysik, das heißt, die numerische Simulation von Niederschlagsprozessen, die der Atmosphäre überschüssige Flüssigkeit entziehen – sie resultieren aus rein dynamischen Prognosen von Wind, Temperatur und Feuchtigkeit. Andererseits gibt es die Konvektionsparametrisierung, eine Methode, mit der die Effekte der Konvektion mittels der Umverteilung von Temperatur und Feuchtigkeit in der Luftsäule (die die atmosphärische Instabilität verringern) einbezogen werden. In den modernen numerischen Modellen spielt die Parametrisierung allerdings eine immer geringere Rolle, sie wird sogar zunehmend irrelevant, da die Mikrophysik explizit ohne den Umweg über die Parametrisierung in das Modell einfließt. Das liegt daran, dass die Modelle mit immer höherer räumlicher Auflösung arbeiten und die zugrunde liegenden Gleichungen explizit die mikrophysikalische Struktur der Wolke enthalten müssen. Es versteht sich von selbst, dass immer größere Rechnerkapazitäten nötig sind, damit die Modelle funktionieren, doch der technologische Fortschritt der letzten Jahrzehnte macht diese möglich.

Die Entwicklung von Wolken und Niederschlag in den mikrophysikalischen Schemata des Modells lässt sich an der Speicherung der Kondensationswärme (latenten Wärme) ablesen, die Wind, Temperatur und Feuchtigkeit beeinflusst. Die durch

Verdunstung infolge des Niederschlags abkühlende Luft erreicht die nicht gesättigten Schichten, in denen sich der Niederschlag bildet. Mit der Zeit können diese Prozesse die Zirkulation verstärken, die die Wolken und den Niederschlag im Modell ursprünglich hervorgebracht hat. Diese verstärkte Zirkulation kann den Niederschlag und die latente Wärme erhöhen, die wiederum letztlich Rückwirkungen auf das Modell haben.

Berechnungsschemata, die die Wolken einbeziehen, gehen davon aus, dass sich zuerst die Wolken bilden, dann der Niederschlag. Einfache Wolkenschemata diagnostizieren den Niederschlag nur aus dem in der Wolke vorhandenen Wasser (oder Eis). Komplexere Schemata sagen die Niederschlagsbildung direkt aus der Modellierung der physikalischen Prozesse innerhalb der Wolke voraus und beziehen dabei explizit unterschiedliche Wolken- oder Niederschlagshydrometeore ein.

Abb. 139 zeigt ein relativ komplexes Schema der Konversion der Substanz Wasser von einer Form in die andere in einem numerischen Vorhersagemodell mit sechs Kategorien von Hydrometeoren. Die gestrichelten Linien zeigen die Interaktionen, die zur Bildung von Graupeln führen: Das Zusammentreffen der Eiskristalle in Wolken mit Regentropfen verursacht Kontaktgefrieren und führt zur Bildung von Schnee oder Graupeln; oder die Verreifung des Schnees durch das Aufsammeln von Tropfen oder Tröpfchen führt zur Graupelbildung. Im Modell durchläuft die Masse an Eis, die aus den beiden Prozessen hervorgeht, vorübergehend die Kategorie Schnee. Aus dem Beispiel geht hervor, wie entscheidend die Schematisierung der Entstehung von Hydrometeoren in Wolken und der Wolkenbildung für das Funktionieren des Modells ist. Es ist noch ein weiter Weg, bis wir über Modelle verfügen, die die Mikrophysik der Wolken in der nötigen Detailliertheit und richtigen zeit-

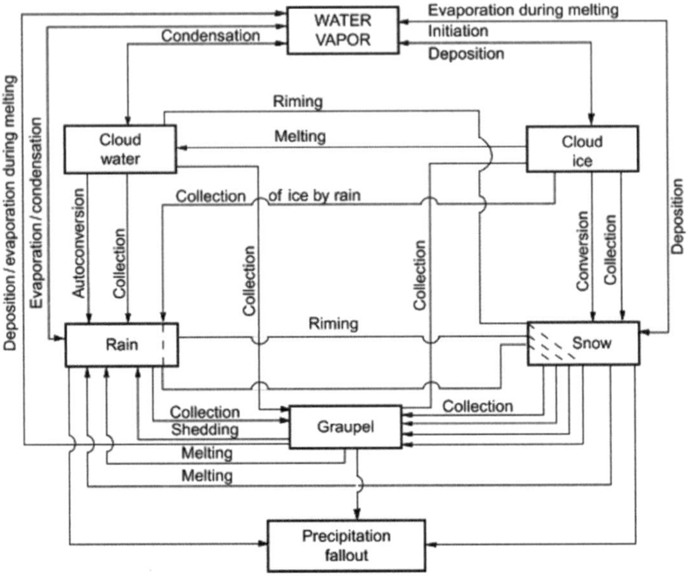

ABB. 139 Mikrophysikalisches Schema eines numerischen Vorhersagemodells (aus: Steven A. Rutledge/Peter V. Hobbs: The Mesoscale and Microscale Structure and Organization of Clouds and Precipitation in Midlatitude Cyclones, in: Journal of the Atmospheric Sciences, 41, 15. Oktober 1984 © American Meteorological Society. Abdruck mit freundlicher Genehmigung).

lich-räumlichen Abfolge einbeziehen, um Fehler bei den Prognosen zu vermeiden. Bis dahin bleibt die Vorhersage von Gewittern mit beträchtlichen Irrtümern behaftet, und wir werden uns im Sommer weiterhin manchmal wundern, warum uns der Wetterbericht nicht vor dem gerade über uns niedergehenden Unwetter gewarnt hat. Es wird weiter daran gearbeitet, und ständig werden Fortschritte erzielt, doch unfehlbare Prognosen gibt es nicht und wird es wohl nie geben.

Die Daten aus der Fernerkundung von Wolken und Niederschlag sind darüber hinaus ein wirksames Instrument zur Überprüfung der Modelle, indem man die Radarechokarten mit den

Vorhersagen des genutzten Modells vergleicht. Diese Modelle erstellen Karten der Wolkenformationen und mittels Radarechomodell auch selbst Radarechokarten, die sich dann an den realen Karten messen lassen müssen. Auf diese Weise kann man die Modelle immer objektiver überprüfen.

Zusammenfassend lässt sich sagen, dass die Wettervorhersagemodelle immer präziser werden, je stärker man die Wolken einbezieht. Insbesondere lassen sie sich bei der sehr komplizierten Prognose lokaler Gewitter optimieren, indem man hochauflösende Prognosen der Mikrophysik der Wolken einbezieht. Uns erwarten spannende Zeiten!

ACHT

VERÄNDERTES KLIMA, ANDERE WOLKEN?

Wer Wolken sät, wird Regen ernten.

Romano Battaglia, *L'uomo che vendeva il cielo* (Der Mann, der den Himmel verkaufte, 2011)

Laut WMO ist Klima definiert als der mittlere Zustand der Atmosphäre in verschiedenen räumlichen Einheiten (lokal, regional, national, kontinental, hemisphärisch oder global) in einer Zeitspanne von mindestens 30 Jahren. Das Klima unterscheidet sich also vom »Wetter« nicht nur aufgrund des Beobachtungszeitraums, sondern vor allem auch durch eine über die Jahre hinweg herrschende Stabilität, abgesehen von jahreszeitlichen Schwankungen und den sie überlagernden mittel- und langfristigen Veränderungen. Ganz so einfach ist die Sache allerdings nicht, denn der durch die globale Erwärmung verursachte Klimawandel erfordert inzwischen eine Modifikation der obigen Definition.

Welche Rolle spielen Wolken für das Klima? Ich habe ja mehrfach darauf hingewiesen, dass sich Wolken innerhalb von Minuten oder maximal Stunden verändern, insofern ist es nicht selbstverständlich, sie mit einem Wandel im Verlauf von Jahreszeiten, Jahrzehnten oder gar Jahrhunderten in Verbindung zu

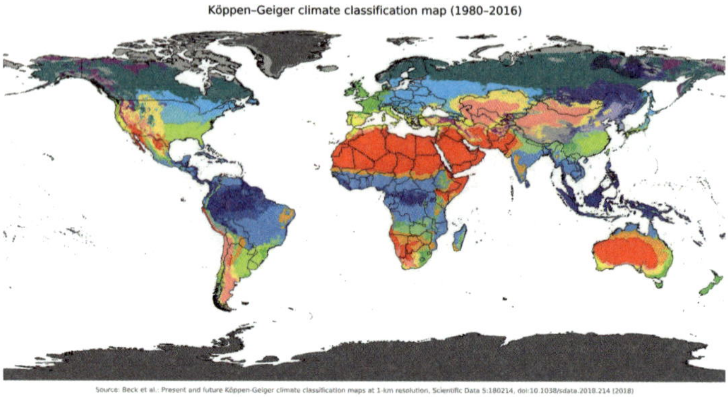

ABB. 140 Die Köppen-Geiger-Klassifikation nutzt Farben in verschiedenen Abstufungen, um das Erdklima in fünf Zonen einzuteilen, basierend auf Kriterien wie der Temperatur, die eine bestimmte Vegetation ermöglicht (aus: Hylke E. Beck u. a.: Present and Future Köppen-Geiger Climate Classification Maps at 1-km-Resolution, in: Scientific Data, 5, 30. Oktober 2018).

bringen. Das liegt jedoch an der bisherigen Perspektive des Buches, in der Wolken als individuelle meteorologische Prozesse innerhalb eines Tages betrachtet worden sind. Um Wolken auch als in das Weltklima eingebundene atmosphärische Prozesse begreifen zu können, müssen wir unser Blickfeld weiten. In anderen Worten: Wir möchten nun wissen, wie Wolken sich im Zusammenhang mit dem Klimawandel auf regionaler oder globaler Ebene verändern. Wenn beispielsweise die globale Durchschnittstemperatur steigt, was passiert dann mit den Wolken? Wasserdampf steht in großer Menge zur Verfügung, allerdings in lokal viel begrenzterer Weise als bisher: Heißt das, dass sich in bestimmten Gebieten mehr Gewitter bilden, es stärker regnet, in anderen jedoch gar nicht? Das sind Prognosen von Fachleuten, über die die Medien häufig berichten. Und natürlich sind es Fragen, die für die Zukunft der Welt, wie wir sie kennen, und die Menschheit von fundamentaler Bedeutung sind.

Wir sprechen häufig vom Klima, wo der Plural Klimata eigentlich angebrachter wäre, denn es kommt ganz darauf an, worauf wir uns beziehen. Wenn wir vom durchschnittlichen Erdklima in Bezug auf meteorologisch-klimatische Bedingungen sprechen, ist der Singular richtig, wenn wir jedoch von unterschiedlichen klimatischen Bedingungen verschiedener Regionen sprechen, ist der Plural angebracht. Eine Möglichkeit besteht darin, die unterschiedlichen Klimata der Erde nach Bodenbeschaffenheit und Vegetation zu differenzieren, wie es die Köppen-Geiger-Klassifikation (Abb. 140) tut. Dafür wird die Erdoberfläche in fünf Zonen mit diversen Unterzonen eingeteilt:

- Zone A: tropisch oder äquatorial (blau)
- Zone B: trocken (rot, rosa, orange)
- Zone C: gemäßigt warm (grün)
- Zone D: kontinental (violett und hellblau)
- Zone E: polar (grau)

Diese recht allgemeine Einteilung charakterisiert die einzelnen Zonen nicht besonders präzise, ist aber sehr aussagekräftig hinsichtlich der Verfügbarkeit von Wasser, einem Aspekt, der notwendig mit der Niederschlagsmenge zusammenhängt. Abb. 141 zeigt die durchschnittliche jährliche Verteilung von Niederschlägen auf dem Festland: Der enge Zusammenhang zwischen der Zugehörigkeit zu einer Klimazone und der Niederschlagsmenge ist deutlich erkennbar. Eine weitere Bestätigung liefert die Karte der Abb. 142 zur Verteilung von Blitzen, erstellt aus Daten des Lightning Imaging Sensor (LIS) an Bord von Satel-

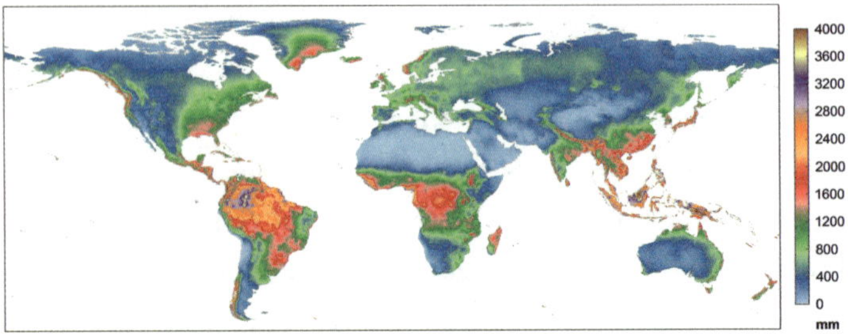

ABB. 141 Durchschnittliche jährliche Niederschlagsmenge auf dem Festland. Die Angabe in mm beschreibt die Höhe der auf den Boden fallenden Wasserschicht (WorldClim, www.worldclim.org).

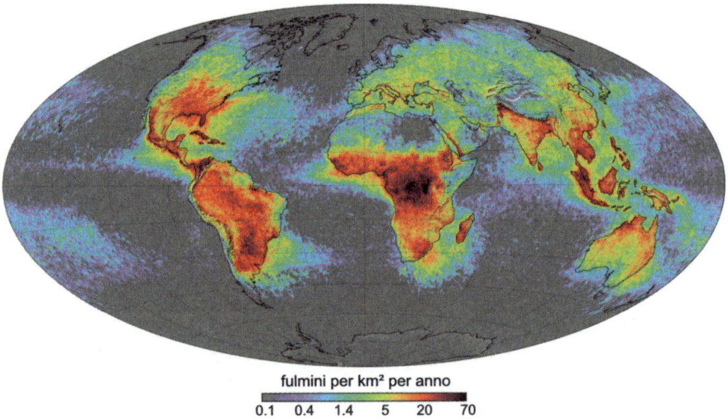

ABB. 142 Die jährliche Zahl an Blitzen pro Quadratkilometer von 1995 bis 2002, errechnet aus den Daten des Lightning Imaging Sensor (LIS) an Bord des TRMM-Satelliten. Grau oder hellviolett sind Orte, an denen pro Jahr im Durchschnitt höchstens ein Blitz registriert wird. Die Orte mit der höchsten Blitzhäufigkeit sind (aufsteigend) rot bis schwarz (NASA).

liten der Tropical Rainfall Measuring Mission (TRMM) der NASA/JAXA. Wir sehen, dass Blitze bevorzugt auf dem Festland und in der tropischen Zone einschlagen, ein Hinweis auf die Zahl der Gewitter, die sich pro Jahr in diesen Gebieten ereignen.

Es versteht sich von selbst, dass dazu eine Betrachtung der Wolken vonnöten ist, da Regen und Blitze aus ihnen kommen. Hierfür müssen wir wieder einmal auf Satellitenbilder zurückgreifen, speziell die des MODIS-Sensors, den ich schon mehrfach erwähnt habe. Abb. 143 zeigt die Verteilung der Wolkendecke in den Jahren 2002 bis 2015. Es wird deutlich, dass sie mehr oder weniger mit dem Niederschlag korreliert, wenn auch nicht exakt, was daran liegt, dass nicht alle Wolken Niederschlag produzieren (wie Sie inzwischen wissen).

Es wäre also gut zu wissen, ob die globale Wolkenverteilung sich mit dem Klimawandel verändert oder nicht, doch leider können wir diese für die Zukunft des Planeten so entscheidende Frage noch nicht endgültig beantworten. Sie gehört in diesem Themenkomplex sogar zu den schwierigsten. Da wir häufig nicht einmal sagen können, was mit Wolken in den nächsten Stunden passiert, ist es ein wenig vermessen, das für die nächsten Jahrzehnte oder gar Jahrhunderte vorhersehen zu wollen. Natürlich geht es nicht darum, genau zu wissen, welche und wie viele Wolken an einem bestimmten Tag in der Zukunft irgendwo

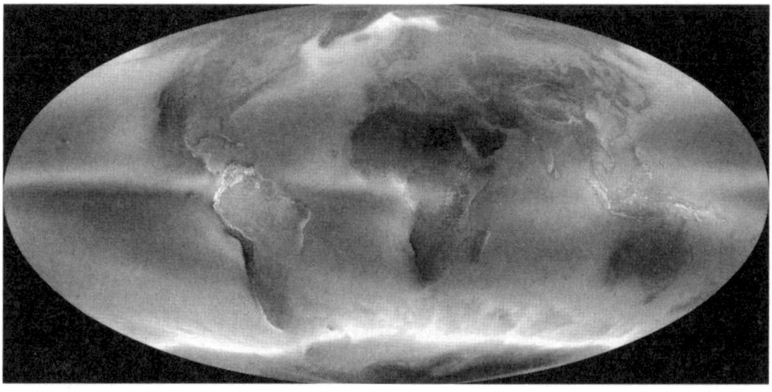

ABB. 143 Abb. 143: Verteilung der Wolkendecke von Juli 2002 bis April 2015 (Daten des MODIS-Senders an Bord von NASA-Satelliten). Die Farbabstufungen gehen von schwarz (wolkenlos) über immer hellere Grautöne (häufiger bewölkt) bis weiß (sehr häufig bewölkt) (NASA).

vorhanden sein werden, sondern wie sich ihr Verhalten ganz allgemein mit dem sich wandelnden Klima verändert. Dennoch ist das schwer zu sagen.

Aus Sicht der Klimatologie sind die Wolken der gordische Knoten unseres Klimaproblems, da sie das Klima einerseits beeinflussen und andererseits vom Klima beeinflusst werden. Sie wirken als Reflektoren, lassen also die Sonnenstrahlung von sich abprallen und schicken sie zurück in den Weltraum. Gleichzeitig dienen sie als »Zudecke«, die die von der Erdoberfläche abgestrahlte Wärme absorbiert und sie wieder an die Erde zurückgibt. Ein komplexer Mechanismus, weswegen es eine überaus anspruchsvolle wissenschaftliche Aufgabe ist, den Effekt der Wolken aufs Klima von anderen Aspekten zu trennen. Zu viele physikalische und chemische Prozesse sind gleichzeitig an den klimatischen Veränderungen beteiligt, und auch wenn sich die Wissenschaft der schwierigen Aufgabe, sie alle zu modellieren, bereits widmet, wird es noch einige Zeit dauern, bis korrekte Schlüsse zu ziehen sind.

Aktuelle Studien, die einen Zeitraum von 1980 bis 2009 umfassen, haben gezeigt, dass die Bewölkung an den Polen zu-, in mittleren Breiten dagegen abgenommen hat. Außerdem scheinen Wolken mit starker vertikaler Entwicklung noch höher zu werden. Diese Beobachtungen stimmen mit drei Prognosen von Klimamodellen überein:

- Die Zugbahn von Niederschlagssystemen (der Weg, den Zyklone auf der Nord- und Südhalbkugel zurücklegen) scheint sich Richtung Pole zu verlagern.
- Die trockenen subtropischen Gebiete werden sich ausdehnen.
- Die Obergrenze hoher Wolken wird noch höher liegen.

All diese Veränderungen können ihrerseits die globale Erwärmung weiter verstärken. Gewitterwolken spielen bei der »Kühlung« des Planeten eine entscheidende Rolle, da sie Wärme in den Weltraum reflektieren. Diese Aufgabe erfüllen sie allerdings weniger effizient, je weiter sie sich Richtung Norden und Süden verschieben, wo aufgrund der Erdkrümmung und der Neigung der Erdachse weniger Strahlung ankommt. Entsprechend weniger Sonnenstrahlung wird in den trockeneren Zonen der niedrigen Breiten absorbiert. Und schließlich bilden sehr hoch liegende Wolkenoberseiten einen regelrechten Deckel, der den Treibhauseffekt noch verstärkt.

Dennoch sind all diese Studien nicht als endgültig zu betrachten – zu viele Fragen sind noch unbeantwortet (beispielsweise ist noch nicht ganz klar, wie man die Auswirkungen der Treibhausgase von denen der Vulkanausbrüche trennen kann). Darüber hinaus sind gerade die Wolken noch nicht ausreichend untersucht worden, die für die künftige Erwärmung vermutlich entscheidend sein werden: marine *Stratocumulus*-Wolken, also Wolken in niedriger Höhe über den subtropischen Ozeanen. Sie überziehen etwa 20 Prozent der Meeresfläche in den niedrigen Breiten und schützen sie normalerweise vor der auftreffenden Sonnenstrahlung. Wie werden sich diese mit zunehmender Erwärmung verhalten? Eine Simulation von T. Schneider und anderen Forschenden, veröffentlicht 2019 in der Zeitschrift *Nature Geoscience*, ergab, dass diese *Stratocumulus*-Wolken instabil werden, sobald der CO_2-Gehalt 1200 ppm (parts per million, Teile pro Million) in der Masse der atmosphärischen Luft übersteigt. Zusätzlich zur Erwärmung durch den höheren CO_2-Gehalt kann diese Instabilität zu einer Erwärmung um global 8 Grad, in subtropischen Gebieten um 10 Grad führen. Wenn die *Stratocumulus*-Wolken erst einmal fragmentiert sind, bilden sie sich erst wieder neu, wenn der CO_2-Gehalt deutlich unter das Niveau sinkt, bei dem die Instabilität aufgetreten ist. Ob das ein realistisches Szenario ist, können wir noch nicht beantworten, doch scheinen die Ergebnisse des Klimamodells sehr plausibel und ziemlich alarmierend.

Geht man nach dem gesunden Menschenverstand, müsste doch durch die Erderwärmung mehr Wasser verdunsten und mehr Wasserdampf zur Bildung von Wolken zur Verfügung stehen, oder? Folglich sollte die Bewölkung in der Atmosphäre also zunehmen und dichter werden. Umgekehrt würde eine wärmere Atmosphäre allerdings mehr Wasserdampfmoleküle bis zur Sättigung benötigen, damit Kondensation und Wolkenbildung einsetzen. Es ist also schwierig, genau zu prognostizieren, wie die Wolken auf die durch den Menschen herbeigeführte Erwärmung reagieren. Auch wenn es beispielsweise im Sommer wärmer und in der Regel feuchter ist als im Winter, ist es im Durchschnitt im Sommer nicht bewölkter als im Winter.

Andere Modellierungen kamen zu dem Ergebnis, dass die Wolken in niedriger Höhe sich mehr oder weniger so verhalten werden wie bisher von den Satelliten und Instrumenten auf der Erde beobachtet. In diesen Szenarien einer wärmeren Erde würden die Wolken der mittleren Breiten etwas dünner und könnten etwas weniger Strahlung reflektieren. Letzteres träfe auch auf die Tropen zu, allerdings aus einem anderen Grund: Mehr Wärme brächte stärkere Niederschläge, die Wolken würden somit mehr Wasser verlieren. Andere Wolken würden sich anders verhalten. Die Ambosse der Gewitter in großer Höhe würden sich in einem wärmeren Klima weiter ausdehnen und mehr Sonnenstrahlung reflektieren. Die Veränderungen in höheren und niedrigeren Schichten würden sich mehr oder weniger ausgleichen, und ihr klimatischer Effekt bliebe derselbe. Das würde darauf hindeuten, dass die Klimamodelle bisher ein falsches Bild gezeichnet hätten, in denen die Wolken, die die Sonnenstrahlung am stärksten in den Weltraum reflektieren, uns zum Teil vor den Folgen der Erwärmung »bewahren« könnten. Die neuesten Studien besagen jedenfalls, dass die Wolken nicht die Rolle des »weißen Ritters« übernehmen werden, der uns angesichts des Klimawandels zu Hilfe eilt, so die Forschenden des Goddard Institute for Space Studies (GISS) der NASA. Letztlich ist es so wie immer in der Wissenschaft: Wir brauchen weitere Studien ... Doch während versucht wird, die Mechanismen besser zu verstehen, wie Wolken unser Klima beeinflussen, wäre es auf jeden Fall eine sinnvolle vorbeugende Maßnahme, die Treibhausgasemissionen zu reduzieren.

Die Bemühungen der Wissenschaft, immer ausgefeiltere Klimamodelle und damit glaubwürdigere Szenarien zu entwickeln, in denen die Wolken korrekt eingeordnet werden, sind von fundamentaler Bedeutung. Es gibt bereits Anstrengungen, die Verteilung der Wolken ebenso zu überwachen, wie es bei der globalen Temperaturentwicklung und dem CO_2-Gehalt der Atmosphäre bereits geschieht. Das International Satellite Cloud Climatology Project (ISCCP) wurde 1982 von William B. Rossow als Projekt des World Climate Research Program (WCRP) der WMO ins Leben gerufen, um Strahlungsmessungen von Wettersatelliten zu sammeln und zu analysieren und so die Verteilung, die Eigenschaften und Veränderungen der Wolken auf täglicher, saisonaler und jährlicher Basis beurteilen zu können. Das ISCCP überwacht, ob die Wolken sich hinsichtlich Menge, Höhe, Dichte, Typus oder anderer Aspekte durch den Klimawandel verändern oder umgekehrt die globale Erwärmung möglicherweise etwas abmildern. Diese Daten und ihre Analyse werden genutzt, um die Rolle der Wolken im globalen

Klima zu erforschen, sowohl was den Strahlungs- und Energieaustausch als auch den Wasserkreislauf betrifft. Nur mithilfe umfassender weltweiter Satellitenbilder wie denen des ISCCP lassen sich Aussagen über die Veränderungen der Wolken treffen und darüber, wie diese mit den klimatischen Veränderungen in Bezug auf die generell veränderte atmosphärische Zirkulation und ihre Thermodynamik zusammenhängen.

Gibt es denn abgesehen von der Senkung der Treibhausgasemissionen noch etwas, was wir der offenbar unvermeidlichen Erwärmung entgegensetzen können? Ist es möglich, aktiv ins Wetter und damit auch ins Klima einzugreifen? Es gibt Leute, die das bejahen – wie stellen die sich das vor?

Eine Idee habe ich bereits kurz im 6. Kapitel gestreift, wo es um das Cirrus Project von 1947 ging. Man nutzte Trockeneis zur Impfung von Wolken, um deren Vereisung herbeizuführen, doch seither hat die Technik beachtliche Fortschritte erzielt. Wie und warum impft man Wolken? Das Motiv ist vor allem der Wunsch des Menschen nach mehr Regen beziehungsweise überhaupt Regen, wo kaum einer oder keiner fällt. Wir sprechen also von Wettermodifikation, der künstlichen Beeinflussung von Wolken, damit sie Niederschlag produzieren.

Historisch betrachtet hat die Vorstellung, das Wetter durch Magie oder andere übernatürliche Kräfte beeinflussen zu können, die Menschheit schon immer fasziniert, und sehr häufig wurden Gottheiten mit höchst fantasievollen Riten angefleht, für Regen zu sorgen oder vor Unwettern zu schützen. Im frühen Mittelalter geißelte Bischof Agobard von Lyon (um 769–840) in seinem Traktat *Contra vulgi insulsam opinionem de grandine et tonitruis* (Gegen die falschen Ansichten des Volkes über Hagel und Donner) den verbreiteten Aberglauben. In jener Zeit begann man auch den *tempestarii* zu misstrauen, Menschen, die sich als Zauberer mit Macht über das Wetter ausgaben. Sie behaupteten, Gewitter verursachen zu können, und wurden in ländlichen Zonen gefürchtet und gehasst, weswegen man sogenannte *defensores*, andere Zauberer, dafür bezahlte, die Bevölkerung vor den *tempestarii* zu beschützen. Letztlich war die Zauberei also eine Geldfrage. Natürlich wurde auch Hexen (die waren ja immer an allem schuld) vorgeworfen, aus schändlichen Motiven Gewitter zu provozieren (Abb. 144).

ABB. 144 Ulricus Molitoris: De lamiis et phitonicis mulieribus – Teutonice vnholden vel hexen, Otmar, Reutlingen 1489

Vom Aberglauben des Mittelalters bis zur Gegenwart ist es ein weiter Weg, auf dem der Mensch immer wieder versucht hat, das Wetter zu seinen Gunsten zu beeinflussen, und er versucht es immer noch. Die heute verbreitetste Strategie ist das *Cloud Seeding*, die Wolkenimpfung, die darin besteht, Aerosolpartikel auszubringen, die als Kondensationskerne oder Eiskeime fungieren und somit die Mikrophysik der Wolken verändern. Damit versucht man die Wahrscheinlichkeit zu erhöhen, dass die Wolke Niederschlag (Regen oder Schnee) produziert. Außerdem wurden auch Versuche unternommen, die Nebel- oder Hagelbildung zu verhindern. Die Impfung findet entweder vom Boden oder von der Luft aus (mit Raketen oder Flugzeugen) statt (Abb. 145). Man nutzt dazu Silber- oder Kaliumiodid oder Trockeneis (das bereits erwähnte feste Kohlenstoffdioxid), weil deren Kristallstruktur der des Eises ähnelt und sie daher die Kristallbildung selbst bei noch relativ hohen Temperaturen (um minus fünf Grad) in Gang setzt. Die Kristalle ballen sich zu

ABB. 145 Wolkenimpfung mit eis- oder tropfenbildenden Partikeln vom Boden (links) oder aus der Luft (rechts).

Schneeflocken zusammen, die den Regen am Boden verstärken, da sie beim Passieren der Null-Grad-Grenze der Wolke schmelzen. Klar ist, dass die Impfung eine vorhandene Wolke voraussetzt, deren mikrophysikalische Struktur beeinflusst wird. Mit anderen Worten: Einen wolkenlosen Himmel kann man nicht impfen, das Ergebnis wäre gleich null. Auf jeden Fall ist die Debatte um den Sinn und Zweck solcher Experimente in vollem Gange, da noch keine eindeutigen Ergebnisse ihre praktische Wirksamkeit belegen können.

Die Wolkenimpfung hat natürlich die heftige Empörung derjenigen hervorgerufen, die auch der Verschwörungserzählung der *Chemtrails* anhängen. Sie gehen davon aus, dass die Kondensstreifen der Flugzeuge nicht aus Wasserdampf bestehen, sondern aus chemischen oder biologischen Kampfstoffen, die von den Flugzeugen zu verschiedenen finsteren Zwecken ausgebracht werden. Auch wenn es stimmt, dass die ersten Versuche der Wolkenimpfung vom Militär initiiert wurden, entbehren solche Verschwörungsthesen jeder Grundlage. Doch obwohl sie ständig widerlegt werden, hat eine Umfrage aus dem Jahr 2011 ergeben, dass etwa 17 Prozent der Bevölkerung überzeugt sind, es gebe ein internationales Komplott zur Giftversprühung. Es ist also noch viel Arbeit zu leisten, um Menschen dazu zu bringen, wissenschaftliche Fakten zur Kenntnis zu nehmen, statt bizarren Theorien anzuhängen. In mancher Hinsicht, scheint es, sind wir von den Zeiten Agobards von Lyon und der Hexenverfolgung gar nicht so weit entfernt …

Bis jetzt habe ich nur von Wolkenimpfung gesprochen, und die dient zwar der Wetterbeeinflussung, nicht aber dem Kampf gegen den Klimawandel. Natürlich haben einige Leute auch diese langfristige und andauernde Notwendigkeit bereits im Blick und sich dafür in ein neues technologisches Abenteuer, das sogenannte *Geoengineering*, gestürzt. Dazu zirkulieren sehr viele und unterschiedliche Ideen: Pflanzen zu züchten, die das Sonnenlicht reflektieren oder der Trockenheit widerstehen, Gelände und Gebäude weiß zu streichen, Millionen von Spiegeln ins All zu schießen, die die Sonnenstrahlung reflektieren, das Meer mit Eisen oder Stickstoff anzureichern, um die Speicherung von Kohlenstoff durch Phytoplankton anzuregen, und vieles mehr. Es liegt auf der Hand, dass einige dieser Vorhaben

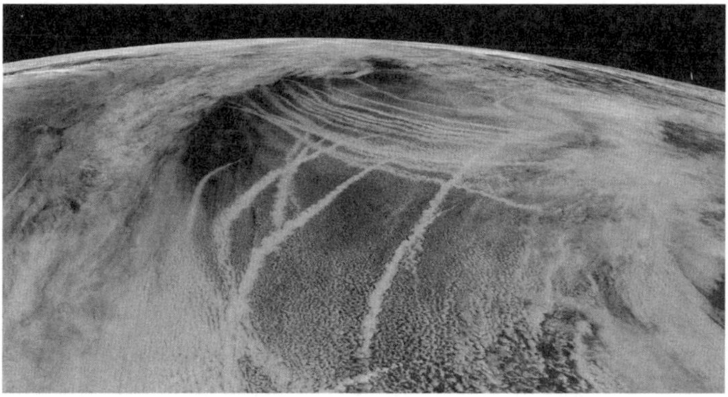

ABB. 146 Kondensstreifen, die aus den Rauchfahnen von Schiffen entstehen, verändern die *Stratocumulus*-Wolken – sie werden weißer, wodurch sie mehr Sonnenstrahlung reflektieren.

aus finanziellen oder technischen Gründen schwer umzusetzen sind.

Was Geoengineering mit Blick auf die Wolken betrifft, kommt der wohl interessanteste Vorschlag von Stephen H. Salter. Der emeritierte Professor der Universität Edinburgh stellte in den 1970er-Jahren bei der Arbeit an einem ganz anderen Thema fest, dass die Rauchfahnen der Schornsteine von Schiffen erstaunlich beständig sind und in der Regel stärker leuchten als die Wolken um sie herum (Abb. 146). Die von den Schiffen emittierten Verschmutzungspartikel dienen als sehr kleine Kondensationskeime und erzeugen winzige Tröpfchen – je kleiner sie sind, desto mehr Strahlung reflektieren sie. 1990 schlug dann der Physiker John Latham von der Universität Manchester vor, natürliche Partikel wie Meersalz für diesen Effekt zu nutzen, nämlich die Wolken weißer zu machen. Er kontaktierte Salter, da er einen Ingenieur brauchte, um ein Instrument zur Verdampfung zu konstruieren, und Salter entwarf nach Überwindung diverser größerer Schwierigkeiten schließlich ein autonomes Tragflächenboot, das von einem Computer gesteuert und vom Wind angetrieben wird. Es soll einen aus dem Salzwasser darunter gewonnenen hochfeinen Meersalznebel direkt in die Wolken blasen (Abb. 147). Salter berechnete, dass die Verdampfung von 10 Kubikmetern Meerwasser pro Sekunde die bis dahin erfolgte globale Erwärmung wettmachen könnte. Die anfallenden Kosten betrügen 100 bis 200 Millionen Dollar pro Jahr. Mit einer Flotte von 300 Tragflächenbooten, so der Erfinder, lasse sich die Temperatur um 1,5 Grad senken. Salter ist darüber hinaus der Ansicht, dass kleinere Flotten auf lokaler Ebene zur Bekämpfung von Extremwetterereignissen eingesetzt werden könnten. Dieses Projekt ist selbstverständlich hoch umstritten, auch wenn man einräumen muss, dass die grundlegenden Kriterien wissenschaftlicher Plausibilität und technischer Machbarkeit erfüllt sind. Ein Pluspunkt ist der durch den Einsatz von Meersalz geringe Einfluss auf das Ökosystem. Für die Umsetzung müsste man etwa ein Jahrzehnt veranschlagen, doch bis jetzt ist nichts passiert, da die Debatte über das Verhältnis der Menge an benötigten Partikeln zur angestrebten Temperaturabsenkung noch im Gange ist.

ABB. 147 Das von Stephen H. Salter entwickelte autonome Tragflächenboot zur Verdampfung von Natriumchlorid (Meersalz). Es soll die Kapazität von Wolken erhöhen, Sonnenstrahlung in Richtung Weltraum zu reflektieren (© John MacNeil).

Abgesehen von allen möglichen bestechenden Ideen zur Bekämpfung der Erderwärmung ist eine Sache unbestritten: Wir wissen noch immer zu wenig, vor allem über die Rolle der Wolken. Werden sie uns Menschen weiter als Sonnenschirm dienen, oder wird diese Fähigkeit nachlassen? Werden die für den Treibhauseffekt relevantesten Wolken, die marinen *Stratocumulus*-Wolken, immer stärker zerfasern? Werden die Gewitterwolken in manchen Regionen der Erde stark zunehmen und in anderen dramatisch zurückgehen? Diese und andere Fragen sind noch nicht zufriedenstellend beantwortet und bedürfen weiter großer Forschungsanstrengungen. Davon abgesehen müssen die Klimamodelle weiter präzisiert und vor allem die globale Langzeitbeobachtung des Wetters weiter ausgebaut werden.

EPILOG

DIE VERMESSUNG DES HIMMELS

Was Ameisen wohl an Regentagen machen?

Haruki Murakami, *Naokos Lächeln*[13]

Während Murakamis Ameisen wenig anderes tun können, als in ihrem Bau darauf zu warten, dass der Regen nachlässt, haben wir Menschen viele Möglichkeiten. Davon am wichtigsten und zugleich häufig stark unterschätzt ist das, was der Mensch in Jan Fabres Skulptur macht. Der Untertitel dieses Werks des belgischen Künstlers – »Denkmal für die Vermessung des Unermesslichen« – klingt auf Anhieb provokativ, aber genau genommen ist er das nicht.

Seit Urzeiten versucht die Menschheit die Wolken zu verstehen, die sich am Himmel zusammenballen, immer mit der Absicht, den Folgen schlechten Wetters zu entgehen oder es zumindest vorauszusehen, um sich besser davor schützen zu können. Herauszufinden, wie Wolken entstehen, ist dabei der erste Schritt, und damit sind wir noch immer beschäftigt. Nach wie vor müssen wir in den Himmel blicken oder die Wolken aus dem Weltraum beobachten, um bestimmte noch unverstandene Aspekte ihrer Entwicklung und ihrer Auswirkungen auf Wetter und Klima zu studieren. Noch wichtiger ist die Interpretation von Zeichen der Veränderung, die uns die Wolken schicken – doch auch die können wir noch nicht komplett entschlüsseln.

Angesichts der Flüchtigkeit und Wandelbarkeit der Wolken scheint das ganze Unterfangen auf den ersten Blick unendlich komplex. In der Natur gibt es in der Tat kaum einen Forschungsgegenstand, der schwieriger in Modelle zu pressen ist. Dennoch ist noch mehr Wolkenforschung unerlässlich, wenn wir die Zukunft auf unserem bewölkten Planeten sichern und Menschen vor möglicherweise katastrophalen Veränderungen bewahren wollen. Um unser aller Heimat zu erhalten, müssen wir auch wissen, wie die Wolken funktionieren.

Ich hoffe daher sehr, mit meinem Buch Interesse für das Thema geweckt zu haben. Betrachten Sie die Wolken als tägliche treue Begleiter, auch wenn der Himmel einmal wolkenlos ist. Warten Sie kurz, dann sind sie wieder da … Wann immer Sie den Veränderungen eines gewöhnlichen Himmels Aufmerksamkeit schenken, können Sie mit Jules Renard sagen: »Mein Land ist jenes, über das die schönsten Wolken hinwegziehen.« (Am 10. März 1895 in seinem Tagebuch)

ABB. 148 Jan Fabre: Der Mann, der die Wolken vermisst (Denkmal für die Vermessung des Unermesslichen), 2019. Installation auf der 58. Biennale in Venedig (© Angelos BV Photo: Floriana Giacinti).

KLEINES GLOSSAR FÜR WOLKENGUCKER

Manche spüren den Regen. Andere werden nur nass.

Roger D. Miller

Abwind Abwärts gerichtete Luftströmung in einer Wolke; kann Regen oder anderen Niederschlag mitführen

Aggregat Eiskristalle, die sich beim Zusammenstoß verbinden und eine Schneeflocke bilden

Atmosphärische Aerosole Natürliche oder anthropogene Partikel in der Atmosphäre

Aufwind Aufsteigender Luftstrom in einer Wolke, der feuchtwarme Luft in die Höhe trägt

Blue Jet (»blauer Strahl«) Elektrische Leuchterscheinung von sehr kurzer Dauer. Solche auf dem Kopf stehenden blauen Lichtkegel treten in der Stratosphäre in Höhen von 20 bis 50 Kilometern oberhalb von Gewittern auf.

Blue Starter (oder Blue Streamer) Leuchterscheinung mit einer Aufwärtsbewegung. Steht mit den Blue Jets in Verbindung, ist aber kurzlebiger und heller und erreicht eine Höhe von 20 Kilometern.

Break-up Zerplatzen von Tropfen aufgrund mechanischer Instabilität

Dendrit Eiskristall mit baumartiger, stark verzweigter Struktur

Deposition Ablagerung von Dampfmolekülen auf der Oberfläche von sich bildenden Eiskristallen, wodurch sie sehr rasch wachsen

Dropsonde Sonde zur Untersuchung des vertikalen Aufbaus der Atmosphäre; wird von Flugzeugen abgeworfen und fällt senkrecht durch die Wolke

Dunst Trübung der Atmosphäre durch Tröpfchen, deren Kondensationskerne vor allem aus Schwebepartikeln in stark verschmutzter Luft bestehen. Dunst kann auch in sauberer Luft mit hoher Übersättigung entstehen.

Eiskörner Gefrorener Regen: Eiskristalle schmelzen, während sie durch eine warme Luftschicht fallen, gefrieren dann wieder und fallen als kleine Eiskugeln zu Boden.

Eiswolke (kalte Wolke) Wolke, in der alle mikrophysikalischen Prozesse in der Eisphase stattfinden; entwickelt sich meist bei Temperaturen unter 0 °C

Elfen (engl. Elves) (Emission of light and very low frequency perturbations due to electromagnetic pulse sources) Eine zarte, ringförmige Lichterscheinung in etwa 100 Kilometern Höhe mit einer Ausdehnung bis zu 400 Kilometern und einer Dauer von 1 Millisekunde

Exosphäre Äußerste Schicht der Erdatmosphäre ab 500 Kilometer Höhe bis zum Weltraum

Fangentladung Positiv geladener ionisierter Kanal vom Boden Richtung Wolke. Wenn die Fangentladung sich mit dem Leitblitz vereint, kommt es zur Hauptentladung, und der Blitz wird sichtbar.

Föhn Warmer und trockener Fallwind an der dem Wind abgewandten Seite der Alpenkette, der entsteht, weil die Luftmassen beim Passieren des Gebirgszugs viel Feuchtigkeit verlieren

Gefrierender Regen Im Gegensatz zu Graupeln sind die durch Verschmelzen der Eiskristalle entstehenden Tropfen zu nah am Boden und können nicht wieder gefrieren. Daher fällt Regen auf einen sehr kalten Boden, der zu einer spiegelglatten Eisfläche gefriert.

Geoengineering Sammelbegriff für technische Methoden, die zum Kampf gegen die Erderwärmung eingesetzt werden sollen

Gigantic Jet Dem Blue Jet vergleichbares elektrisches Phänomen, das jedoch in größerer Höhe auftritt und oben rot gefärbt ist

Glatteis Durchsichtige Eisschicht, die sich aus gefrierendem Regen bildet, wenn die Tropfen auf den kalten Boden treffen

Graupeln Eiskügelchen, die entstehen, wenn sich unterkühlte Tröpfchen an Eiskristalle oder Schneeflocken anlagern. Die eher weichen und bröseligen Graupeln werden häufig mit Hagelkörnern verwechselt und können manchmal das erste Stadium der Hagelbildung sein.

Hagel Große vereiste Hydrometeore, die entstehen, wenn sich abwechselnd unterkühlte Tröpfchen durch trockenes Wachstum (wenig unterkühltes Wasser) und feuchtes Wachstum (viel unterkühltes Wasser) auf den ursprünglichen Eispartikeln absetzen. Hagelkörner bestehen häufig aus zwiebelartigen Schichten von dichterem und weniger dichtem Eis.

Hallett-Mossop-Prozess (engl. *Rime Splintering*) Entstehung von sekundären Eispartikeln (kleinen Eissplittern), wenn Graupeln im Wachstumsprozess mit unterkühlten Wassertröpfchen kollidieren (bei Temperaturen von –3 bis –8 °C)

Hauptentladung Sichtbarer Teil des Blitzes, die Entladung Richtung Wolke über den ionisierten Kanal

Hydrometeor Alle Formen kondensierten Wassers in Wolken: Tröpfchen, Tropfen, Kristalle, Aggregate, Graupeln, Hagel usw.

Inversion Umkehr des Temperaturverlaufs in der Atmosphäre: Die Temperatur nimmt mit der Höhe zu statt ab.

Koaleszenz Zusammenballung von in der Luft verteilten Tröpfchen zu größeren Aggregaten

Kondensation Übergang vom gasförmigen in den flüssigen Zustand. In der Chemie spricht man auch von Liquefaktion.

Kondensationskerne Kleine Aerosolpartikel (Größe typischerweise ein Hundertstel eines Tröpfchens), an denen im Anfangsstadium der Wolkenbildung der Wasserdampf kondensiert. Sie können aus der Natur oder aus menschlicher Aktivität stammen.

Leitblitz Baut von der Wolke Richtung Boden stufenweise einen ionisierten Kanal auf, der dem eigentlichen Blitz den Weg bahnt

Lösung Homogenes Gemisch, das einen oder mehrere flüssige, feste oder gasförmige Stoffe enthält

Medicane Schachtelwort aus engl. *Mediterranean Hurricane;* bezeichnet einen mediterranen Sturm des tropischen Typs (tropenähnlicher Sturm)

Mesosphäre Schicht der Erdatmosphäre zwischen 60 und 90 Kilometer Höhe

Mischwolke Wolke, die sich zum größten Teil in der Eisphase bildet, aber in der Regel viel unterkühltes Wasser enthält (wird manchmal auch synonym für Eiswolken/kalte Wolken verwendet)

Multizelle Gewitter-Cluster aus mehreren Gewitterzellen, die sich jeweils in anderen Phasen ihres Lebenszyklus befinden

Nowcasting Vorhersage des unmittelbar bevorstehenden Wetters (für einen Zeitraum von 0 bis 12 Stunden)

Nukleation Bildung von Aggregaten aus Wasserdampfmolekülen bis zur Entstehung eines Hydrometeors aus Wasser oder Eis. Man spricht von homogener Nukleation, wenn sie nur auf Dampf beruht, und von heterogener Nukleation, wenn ein Aerosolpartikel beteiligt ist.

Oberflächenspannung Durch Kohäsion hervorgerufene mechanische Spannung an der Oberfläche von Tröpfchen

Orkan Über dem Atlantik entstehender tropischer Sturm mit anhaltenden Windgeschwindigkeiten von über 120 Stundenkilometern

Red Sprite (Roter Kobold) Enorm große elektrische Entladungen oberhalb von Gewittern, ausgelöst durch positiv geladene Blitze; treten in Höhen zwischen 50 und 90 Kilometern auf

Regenschatten Phänomen an der vom Wind abgewandten Seite (Lee) eines Gebirges oder eines anderen orografischen Hindernisses. Der Regen fällt an der dem Wind zugewandten Seite (Luv), wodurch die Luft auf der dem Wind abgewandten Seite trocken und niederschlagsfrei ist.

Riming (Verreifung) Ablagerung körniger Eispartikel an der Oberfläche eines Eiskristalls durch Kollision mit unterkühlten Tröpfchen, die dabei gefrieren

Saltation Der sprungweise Transport von Salzkörnern an der Erdoberfläche durch den Wind; typische Form der Aerosolentstehung in Wüstengebieten

Seeder-Feeder-Effekt Zunahme von orografischem Niederschlag, indem der Niederschlag von einer hohen Wolke (Seeder) durch eine niedrigere Schicht (Feeder) fällt. Die Zunahme kann durch Kollision/Koaleszenz oder Wachstum der Hydrometeore geschehen.

Silberiodid (AgI) Gelbliche, lichtempfindliche Substanz, die früher in der Fotografie und auch in der Medizin (zur Desinfektion) eingesetzt wurde. Bei der Wolkenimpfung nutzt man Silberiodid zur Bildung von Eiskristallen, die zu Niederschlag führen sollen.

Smog Schachtelwort aus engl. *smoke* (Rauch) und *fog* (Nebel); bezeichnet Luftverschmutzung in den unteren Schichten der Atmosphäre

Splintering Zersplittern von Eiskristallen in Kristallfragmente durch *Riming* (Verreifung) oder mechanische Erschütterung

Sprühregen (Nieselregen) Regen in Form besonders kleiner Wassertröpfchen (in der Regel kleiner als 0,5 Milimeter)

Stratosphäre Zweite Schicht der Erdatmosphäre zwischen 20 und 50 Kilometer Höhe (beginnt an den Polen bei 8 Kilometern, am Äquator bei 20 Kilometern)

Sublimation Übergang vom festen in den gasförmigen Zustand, ohne dazwischen den flüssigen Zustand anzunehmen

Superzelle Gewitter, für das ein rotierendes Tiefdruckgebiet, die Mesozyklone, charakteristisch ist

Taifun Tropischer Wirbelsturm über dem Pazifik

Thermik Aufsteigender Luftstrom, ausgelöst durch Konvektion, die aus der Erwärmung der bodennahen Luftschichten durch Sonneneinstrahlung entsteht

Thermosphäre Zweitäußerste Schicht der Erdatmosphäre zwischen 95 und 500 Kilometer Höhe

Trockeneis Kohlendioxid (CO_2), das bei Temperaturen um minus 78 °C fest ist; geht vom festen direkt in den gasförmigen Zustand über, ohne zuvor zu verflüssigen (Sublimation)

Troll Ein dem Blue Jet ähnelndes Leuchtereignis, im Unterschied dazu aber rot. Es entsteht, wenn die Tentakel eines Kobolds sich bis zur Höhe der Gewitterwolke hinunterstrecken.

Tropischer Zyklon Über tropischen oder subtropischen Meeren entstehendes zyklonales System. Kennzeichen sind ein Zentrum oder Wirbel mit Tiefdruck und warmem Kern sowie spiralförmige Gewitterfronten, die um ein genau abgegrenztes Zentrum rotieren. Er sorgt für heftige Winde und intensive Niederschläge.

Troposphäre Unterste Schicht der Erdatmosphäre, die an den Polen bis zu 8 Kilometer, am Äquator bis zu 20 Kilometer Höhe reicht; enthält drei Viertel der Masse dieser Gashülle

Twomey-Effekt Erhöhung der Zahl von Kondensationskernen durch die menschengemachte Luftverschmutzung. Er steigert die Kapazität der Wolken, Sonnenstrahlung zu reflektieren, was Auswirkungen auf die Strahlenbilanz der Erde hat.

Unterkühltes Wasser Wasser in Wolken, das bei unter 0 °C noch flüssig ist; kommt häufig in Gewittern vor, wo unterkühltes Wasser bis zu minus 35 °C gemessen wurde

Unterkühlung Zustand von Wasser, das nach Abkühlung unter den Gefrierpunkt flüssig bleibt (siehe auch unterkühltes Wasser)

Verdunstung Übergang vom flüssigen in den gasförmigen Zustand

Wasserwolke (warme Wolke) Wolke, in der alle mikrophysikalischen Prozesse bei Temperaturen über 0 °C und damit meist in der Wasserphase stattfinden

Wetterbeeinflussung Gezielte Erzeugung von Wetterlagen, zum Beispiel die Impfung von Wolken mit Kondensationskernen oder Eiskeimen zur Erhöhung des Niederschlags

Wolkenimpfung (engl. *Cloud Seeding*) Künstliche Beeinflussung der Menge und Art des Niederschlags. Dazu bringt man in Wolken chemische Stoffe (häufig Silberiodid) aus, die als Eiskeime dienen sollen.

Zyklone (Tiefdruckgebiet) Atmosphärischer Wirbel bzw. atmosphärische Region mit niedrigerem Luftdruck als in der Umgebung auf gleicher Höhe. Sie steht üblicherweise in Zusammenhang mit Störungen und meteorologischen Fronten.

ABKÜRZUNGSVERZEICHNIS

ATS-1 Applications Technology Satellite-1 (NASA)

AVHRR Advanced Very High Resolution Radiometer (NOAA)

CNR Consiglio nazionale delle ricerche (Nationaler Forschungsrat, Italien)

CNRS Centre national de la recherche scientifique (Nationales Forschungszentrum, Frankreich)

CO_2 Kohlendioxid, eines der hauptsächlichen Treibhausgase

CSWR Center for Severe Weather Research

CTG Cloud-to-ground (Erdblitz)

DLR Deutsches Zentrum für Luft- und Raumfahrt

DoW Doppler on Wheels

DWD Deutscher Wetterdienst

ELVES Emission of light and very low frequency perturbations due to electromagnetic pulse sources, siehe Glossar »Elfen«

ESSL European Severe Storms Laboratory

EUMETSAT European Organization for the Exploitation of Meteorological Satellites

FACETs Forecasting a Continuum of Environmental Threats (NSSL)

FISBAT Istituto per lo studio dei fenomeni fisici e chimici della bassa e alta atmosfera (Institut zur Erforschung physikalischer und chemischer Phänomene der unteren und oberen Atmosphäre) (CNR)

GAW Global Atmospheric Watch (WMO)

GISS Goddard Institute for Space Studies (NASA)

GPM Global Precipitation Measurement mission (NASA & JAXA)

GPS Global Positioning System

HALO High Altitude and Long Range Research Aircraft (DLR)

H/V Horizontal/Vertical polarization (Radar)

IC Intra-cloud-lightning (Wolkenblitz)

In Ice nuclei. Aerosolpartikel, die als Nuklei für die Bildung von Eiskristallen in kalten Wolken dienen.

INPE Instituto nacional de pesquisas espaciais (Nationales Institut für Weltraumforschung, Brasilien)

ISAC Istituto di scienze dell'atmosfera e del clima (Institut für Atmosphären- und Klimawissenschaft, Italien)(CNR)

ISAO Istituto di scienze dell'atmosfera e dell'oceano (Institut für Atmosphären- und Ozeanforschung, Italien) (CNR)

ISCCP International Satellite Cloud Climatology Project

ISS International Space Station

JAXA Japan Aerospace Exploration Agency

JMA Japan Meteorological Agency

LHC Left-hand circular polarization (Radar)

Lidar Light Detection and Ranging

LIS Lightning Imaging Sensor (TRMM)

MCC Mesoscale convective complex

MCS Mesoscale convective system

MC3E Midlatitude Continental Convective Clouds Experiment

MPAR Multifunction Phased Array Radar (NSSL)

MODIS Moderate Resolution Imaging Spectroradiometer (NASA)

NASA National Aeronautics and Space Administration

NCAR National Center for Atmospheric Research (UCAR)

NHC National Hurricane Center (NOAA)

NOAA National Oceanic and Atmospheric Administration

NSSL National Severe Storms Laboratory (NOAA)

NWS National Weather Service (NOAA)

PMC Polar mesospheric clouds

PMS Particle measuring system

PSC Polar stratospheric clouds

Radar Radio Detection and Ranging

RHC Right-hand circular polarization (Radar)

SDSM&T South Dakota School of Mines and Technology

SeaWiFS Sea-viewing wide field-of-view sensor (NASA)

SPC Storm Prediction Center

SSEC Space Science and Engineering Center

TGF Terrestrial gamma ray flashes

TIROS-1 Television and InfraRed Observation Satellite-1 (NASA)

TRMM Tropical Rainfall Measuring Mission (NASA-JAXA)

UCAR University Corporation for Atmospheric Research

UCLA University of California, Los Angeles

UTC Universal time coordinated

VORTEX Verification of the Origins of Rotation in Tornadoes Experiment

WCRP World Climate Research Program (WMO)

WMO World Meteorological Organization

LITERATUR

Aristoteles: Meteorologia, hg. v. Lucio Pepe, Bompiani, Mailand 2003.

Braham, R. A. Jr.: »The Thunderstorm Project«, in: Bulletin of the American Meteorological Society 1835–1845, Dezember 1996, Bd. 77, Nr. 12.

Ceravolo, Tonino: Storia delle nuvole. Da Talete a Don DeLillo, Rubbettino, Soveria Mannelli 2009.

Clément, Gilles: Nuvole, DeriveApprodi, Rom 2011.

Corigliano, Andrea: Meteorologia, Bd. V: Nubi e precipitazioni, Ronca, Cremona 2018.

Cotton, William R./Anthes, Richard A.: Storm and Cloud Dynamics, Academic Press, San Diego 1989.

Descartes, René: Discorso del metodo, hg. v. Giambattista Gori, Rizzoli, Mailand 2010.

Flossmann, Andrea/Levizzani, Vincenzo/Wang, Pao K.: »On the fundamental role of Hans Pruppacher for cloud physics and cloud chemistry«, in: Atmospheric Research, September 2010, Bd. 97.

Gallino, Stefano: Il meteo per la vela. Manuale per la regata e la crociera, Nutrimenti, Rom 2015.

Geer, Ira W.: Glossary of weather and climate. With related oceanic and hydrologic terms, American Meteorological Society, Boston 1996.

Gianfreda, Francesca/Miglietta, Marcello/Sanso, Paolo: La terra degli uragani. Trombe d'aria nel Salento. 1467–2005, Colibri, Mailand 2006.

Giuliacci, Mario/Giuliacci, Andrea/Corazzon, Paolo: Manuale di meteorologia. Guida alla comprensione dei fenomeni, Alpha Test, Mailand 2019.

Goethe, Johann Wolfgang, Werke in sechs Bänden. Band VI: Vermischte Schriften. Ausgewählt von Emil Staiger, Insel, Frankfurt/M. und Leipzig 1993, S. 37.

Hakim, Gregory J./Patoux, Jérôme: Weather. A Concise Introduction, Cambridge University Press, Cambridge 2018.

Henson, Robert: The Rough Guide to Weather, Rough Guides, New York 2008.

Houze, Robert A. jr.: Cloud Dynamics, Elsevier, Amsterdam 2014.

Howard, Luke: Essay on the Modifications of Clouds, Cambridge University Press, Cambridge 2011.

Kappenberger, Giovanni/Kerkmann, Jochen: Il tempo in montagna. Manuale di meteorologia alpina, Zanichelli, Bologna 1997.

Khvorostyanov, Vitaly I./Curry, Judith A.: Thermodynamics, Kinetics and Microphysics of Clouds, Cambridge University Press, New York 2014.

Lamb, Dennis/Verlinde, Johannes: Physics and Chemistry of Clouds, Cambridge University Press, Cambridge 2011.

Levizzani, Vincenzo/Setvák, Martin: »Multispectral, High-Resolution Satellite Observations of Plumes on Top of Convective Storms«, in: Journal of the Atmospheric Sciences, Februar 1996, Bd. 53, Nr. 3.

Libbrecht, Kenneth: Ken Libbrecht's field guide to snowflakes, Voyageur, Minneapolis 2016.

Libbrecht, Kenneth/Wing, Rachel: The art of the snowflake. Winter's Frozen Artistry, Voyageur Press, Minneapolis 2015.

Lohmann, Ulrike/Lüönd, F./Mahrt, Fabian: An introduction to clouds. From the microscale to climate, Cambridge University Press, Cambridge 2016.

Lucchetti, Emanuele: Atlante delle nubi, Technopress, Rom 2011.

Ludlam, Frank H.: Clouds and Storms. The Behavior and Effect of Water in the Atmosphere, Pennsylvania State University Press, University Park 1980.

Ludlam, Frank H./Scorer, S.: Cloud study. A Pictorial Guide, John Murray, London 1957.

Ludlum, David McWilliams/National Audubon Society: Field Guide to North American Weather, Alfred A. Knopf, New York 2005.

Mason, Basil John: The Physics of Clouds, Oxford University Press, Oxford 2010.

Pruppacher, Hans R./Klett, James D.: Microphysics of clouds and precipitation, Springer, London 2010.

Rogers, Roddy R./Yau, Man Kong: A Short Course in Cloud Physics, Butterworth Heinemann, Oxford 1989.

Scorer, Richard S.: Clouds of the World. A Complete Color Encyclopedia, David & Charles, Exeter 1972.

Straka, Jerry M.: Cloud and Precipitation Microphysics. Principles and Parameterizations, Cambridge University Press, Cambridge 2009.

Strangeways, Ian: Precipitation. Theory, Measurement and Distribution, Cambridge University Press, Cambridge 2010.

Wallace, John M./Hobbs, Peter Victor: Atmospheric Science: An Introductory Survey, Academic Press, Amsterdam/Paris 2006.

Wang, Pao K.: Physics and Dynamics of Clouds and Precipitation, Cambridge University Press, Cambridge 2013.

Zanocco, Damiano: Atlante universalc delle nuvole. Come si chiamano e come si classificano le nubi, Antiga Edizioni, Crocetta del Montello 2019.

WEBSITES

Australian Severe Weather
http://australiasevereweather.com/index.html

Cas, Cloud Appreciation Society
https://cloudappreciationsociety.org

Cnr-Isac, Consiglio nazionale delle ricerche, Istituto di scienze dell'atmosfera e del clima
www.isac.cnr.it

Come Rain or Shine: Understanding the Weather, University of Reading and Royal Meteorological Society
www.futurelearn.com/courses/come-rain-or-shine?dm_i=2PRB,10T1Y,79LLPK,3VXYA,1

Essl, European Severe Storms Laboratory
www.essl.org/cms/

Iccp, International Commission on Clouds and Precipitation
www.iccp-iamas.org

Isccp, International Satellite Cloud Climatology Project
https://isccp.giss.nasa.gov

Italian Climate Observatory Ottavio Vittori
www.isac.cnr.it/cimone/

MetEd, Teaching and Training Resources for the Geoscience Community, Ucar, Comet
www.meted.ucar.edu/index.php

NASA, Earth Observatory
https://earthobservatory.nasa.gov

NASA, Gateway to Astronaut Photography
https://eol.jsc.nasa.gov

NASA, Scientific Visualization Studio
https://svs.gsfc.nasa.gov/index.html

NASA, Visible Earth
https://visibleearth.nasa.gov

NCEI, National Centers for Environmental Information
www.ncei.noaa.gov

NOAA, Photo Library
https://photolib.noaa.gov

Santiago Borja
www.santiagoborja.com

Snow crystals, Guide to snowflakes
www.snowcrystals.com/guide/guide.html

Storm Shop
www.thestormshop.com/index.htm

Torro, Tornado and Storm Research Organisation
www.torro.org.uk

What's This Cloud
https://whatsthiscloud.com

WMO, International Cloud Atlas, Manual on the Observation of Clouds and Other Meteors, WMO-Nr. 407
https://cloudatlas.wmo.int/home.html

WW2010. Weather World, University of Illinois
http://ww2010.atmos.uiuc.edu/(Gh)/home.rxml

DANKSAGUNG

Dieses Buch und mein ganzes Leben als Wissenschaftler wären nicht möglich gewesen ohne meine Familie, die mich immer getragen (und manchmal ertragen) hat: allen voran Angela, außerdem Marcello, Martino und Valerio. Franco Prodi und Hans R. Pruppacher haben mir vieles beigebracht, über unser Fachgebiet und über das Leben, ebenso wie meine Eltern und meine geliebte Tante Lucia: Sie alle haben immer vorbehaltlos an mich geglaubt.

Nach wie vor forsche ich am Institut für Atmosphären- und Klimawissenschaften des italienischen Nationalen Forschungsrats (CNR). Dieser hat es mir immer uneingeschränkt ermöglicht, meinen Blick auf die Wolken zu richten und so einige Rätsel zu entschlüsseln.

Es wäre unmöglich, allen meinen Studierenden einzeln für die Motivation zu danken, Wolkenphysik zu lehren. Ihren Enthusiasmus für die Erforschung der Geheimnisse der Atmosphäre geweckt zu haben, ist der wichtigste Ertrag meiner Laufbahn. Gemeinsam mit meinen Kolleginnen und Kollegen, Elsa Cattani, Sante Laviola, Silvio Davolio, Marcello Miglietta, Alessia Nicosia und Franco Belosi, erlebe ich das Abenteuer, vielversprechende junge Menschen zu unterrichten, deren Blick in die Zukunft gerichtet ist. Ich glaube allerdings, dass dies nur möglich war, weil mein Kollege und Freund Rolando Rizzi mich vor etwa fünfzehn Jahren an die Universität Bologna berufen und mich von der Lehre überzeugt hat (wie nur er es kann).

Ich danke auch zwei Kollegen: Paolo Bonasoni für die »historischen« Fotos vom Monte Cimone und Professor Ottavio Vittori sowie Pier Paolo Alberoni für Bilder vom Radar von San Pietro Capofiume (den er wie seine eigene Schöpfung behandelt).

Ich stehe außerdem in der Schuld vieler Künstlerinnen und Schriftsteller für ihre Sicht auf den Himmel und die Wolken als Begleiter der menschlichen Spezies auf dem Planeten Erde.

Bei meinem Verlag Il Saggiatore bin ich auf eine Gemeinschaft von Menschen gestoßen, die höchst professionell arbeiten und zugleich gut zuhören können. Andrea Gentile und Giuseppe Favi haben an mich geglaubt, seit wir uns beim CNR in Bologna zum ersten Mal begegnet sind und verstanden haben, dass wir zusammengehören und es gar nicht anders sein kann. Damiano Scaramella hat beim Umgang mit dem Manuskript eines »angehenden Schriftstellers« eine Engelsgeduld bewiesen und daraus etwas Anständiges gemacht. Marica Fasoli mit ihrem grafischen Können hat mich wie einen Kollegen behandelt, obwohl ich von Layout nun wirklich keine Ahnung habe, stimmt's, Marica? Carlo Vidotto hat das ganze Material so zusammengebaut, dass am Ende ein richtiges Buch herauskam, auch er mit nicht enden wollender Geduld hinsichtlich diverser Details (in denen ja bekanntlich der Teufel steckt). Marco Prato hat die Abbildungen durchgesehen und damit Fehler in einem verminten Gebiet verhindert. Zusammengefasst lässt sich sagen, dass dieses Buch das Ergebnis einer gemeinschaftlichen Anstrengung großartiger Menschen ist, die mit Leidenschaft und Kompetenz bei der Sache sind.

ANMERKUNGEN

1 Eugenio Montale: *Was bleibt (wenn es bleibt)*. Gedichte 1920–1980. Italienisch–Deutsch. Ausgewählt, übersetzt und mit Anmerkungen versehen von Christoph Ferber. Mit einem Nachwort von Georges Güntert, Dieterich'sche Verlagsbuchhandlung, Mainz 2013, S. 19.

2 Dirk Steinhöfel: *P. B. Shelleys »Die Wolke«*. Deutsch von Andreas Steinhöfel, Verlag Friedrich Oetinger, Hamburg 2011, S. 97 ff. (Buch ist unpaginiert).

3 Italo Calvino: *Die unsichtbaren Städte*. Aus dem Italienischen von Heinz Riedt, Hanser, München 1984, S. 18 f.

4 Cesare Pavese: *Gedichte*. Übertragen und herausgegeben von Urs Oberlin, Claassen, Hamburg 1962, S. 30.

5 *Der Koran*. Aus dem Arabischen übersetzt von Max Henning. Einleitung und Anmerkungen von Annemarie Schimmel, Reclam, Ditzingen 2022, S. 365 f.

6 Leonardo da Vinci: *Traktat von der Malerei*. Nach der Übersetzung von Heinrich Ludwig neu herausgegeben und eingeleitet von Marie Herzfeld, Diederichs, Jena 1909, S. 417.

7 René Descartes: *Les Météores/Die Meteore*. Faksimile der Erstausgabe 1637. Herausgegeben, übersetzt, eingeleitet und kommentiert von Claus Zittel, Vittorio Klostermann, Frankfurt/M. 2006, S. 31.

8 Paul Auster: *Bericht aus dem Inneren*, Rowohlt, Reinbek bei Hamburg 2014, S. 9.

[9] Johann Wolfgang Goethe: *Sämtliche Werke nach Epochen seines Schaffens.* Münchner Ausgabe. Hg. v. Karl Richter, in Zusammenarbeit mit Herbert G. Göpfert, Norbert Miller und Gerhard Sauder. Bd. 12: Zur Naturwissenschaft überhaupt, besonders zur Morphologie. Erfahrung, Betrachtung, Folgerung, durch Lebensereignisse verbunden. Hg. v. Hans J. Becker, Gerhard H. Müller, John Neubauer und Peter Schmidt, Hanser, München 1989, S. 452.

[10] Johann Wolfgang Goethe: *Werke in sechs Bänden.* Band VI: Vermischte Schriften. Ausgewählt von Emil Staiger, Insel, Frankfurt/M. und Leipzig 1993, S. 37.

[11] Ralph Waldo Emerson: *Seid fröhlich und weise.* Eine Auswahl seiner Essays, Verlag Eugen Diederichs, Jena und Leipzig 1905, www.projekt-gutenberg.org/emerson/seidfroe/seidfroe.html

[12] Salvatore Quasimodo: *Gesammelte Gedichte*, Coron-Verlag, Zürich o. J., S. 95.

[13] Haruki Murakami: *Naokos Lächeln.* Nur eine Liebesgeschichte, aus dem Japanischen von Ursula Gräfe, btb, München 2003, S. 376.